Praxishandbuch Materialstammdaten in SAP S/4HANA®

2., erweiterte Auflage

Muhamed Karalic
Winfried Würzer
Matthew Johnson
Holger Brandenburg

Willkommen bei Espresso Tutorials!

Unser Ziel ist es, SAP-Wissen wie einen Espresso zu servieren: Auf das Wesentliche verdichtete Informationen anstelle langatmiger Kompendien – für ein effektives Lernen an konkreten Fallbeispielen. Viele unserer Bücher enthalten zusätzlich Videos, mit denen Sie Schritt für Schritt die vermittelten Inhalte nachvollziehen können. Besuchen Sie unseren YouTube-Kanal mit einer umfangreichen Auswahl frei zugänglicher Videos:

https://www.youtube.com/user/EspressoTutorials.

Kennen Sie schon unser Forum? Hier erhalten Sie stets aktuelle Informationen zu Entwicklungen der SAP-Software, Hilfe zu Ihren Fragen und die Gelegenheit, mit anderen Anwendern zu diskutieren:

http://www.fico-forum.de.

Eine Auswahl weiterer Bücher von Espresso Tutorials:

- Ilona Hesse:
  Preisfindung und Konditionstechnik in SAP S/4HANA® –
  2., erweiterte Auflage
  http://5362.espresso-tutorials.de
- Paul-Werner Neiss:
  Schnelleinstieg in SAP S/4HANA® EAM (Anlagenmanagement)
  http://5423.espresso-tutorials.de
- Rainer Neumann, Dieter Schraad:
  Variantenkonfiguration in SAP S/4HANA®
  http://5512.espresso-tutorials.de
- Simone Bär, Andreas Wunsch:
  Abrechnungsmanagement in SAP S/4HANA® – Konditionskontraktabrechnung – 2., erweiterte Auflage
  http://5557.espresso-tutorials.de
- Ilka Dischinger:
  Lohnbearbeitung mit SAP S/4HANA® – Einkaufs- und Produktionsprozess *http://5649.espresso-tutorials.de*
- Paul-Werner Neiss:
  Schnelleinstieg in die Chargenverwaltung für SAP S/4HANA®
  https://es-tu.de/aCwc

Bibliografische Information der Deutschen Nationalbibliothek
Die Deutsche Nationalbibliothek verzeichnet diese Publikation in der Deutschen Nationalbibliografie; detaillierte bibliografische Daten sind im Internet über https://portal.dnb.de abrufbar.

Muhamed Karalic, Winfried Würzer, Matthew Johnson, Holger Brandenburg
Praxishandbuch Materialstammdaten in SAP S/4HANA®

ISBN: 978-3-960122-61-6

Lektorat: Bernhard Edlmann

Korrektorat: Die Korrekturstube

Coverdesign: Philip Esch

Coverfoto: © jax10289 | Nr. 951680990 – istockphoto.com

Satz & Layout: Johann-Christian Hanke

2., erweiterte Auflage 2024

URL: *www.espresso-tutorials.de*

Feedback:
Wir freuen uns über Fragen und Anmerkungen jeglicher Art. Bitte senden Sie diese an: *info@espresso-tutorials.com*.

Inhaltsverzeichnis

Vorwort

Der SAP-Materialstamm kann auf den ersten Blick sehr einschüchternd sein, denn es sind so viele Segmente und Felder, die gepflegt werden wollen, dass es einen zu Beginn nahezu erschlägt. Daher möchten wir Ihnen mit diesem Buch einen Einblick in den Materialstamm vermitteln und unsere Erfahrungen mit den SAP-Materialstammdaten an der einen oder anderen Stelle zu teilen.

Wir haben versucht, die Dinge so einfach und praxisnah wie möglich zu beschreiben.

Zu Beginn werden wir Ihnen ein paar generelle Fakten über die Struktur und den Aufbau des Materialstammsatzes erläutern. Anschließend werden wir mehr ins Detail gehen und die entsprechenden Sichten darlegen, die für sämtliche materialspezifischen Tätigkeiten in einem Unternehmen wie Beschaffung, Produktion, Lagerung und Vertrieb notwendig sind.

Einige von Ihnen, die bereits gewisse Vorerfahrungen mit SAP gesammelt haben, werden sich sicher in manchen der beschriebenen Situationen wiederfinden. Falls Sie gerade erst angefangen haben, sich mit SAP und dem SAP-Materialstamm zu beschäftigen, empfehlen wir Ihnen, das Buch chronologisch vom Anfang bis zum Ende zu lesen, um ein besseres Gesamtverständnis für den SAP-Materialstamm zu erhalten.

Am Ende des Buches werden Sie hoffentlich alle Zusammenhänge zwischen Materialstamm und Ihrem Tagesgeschäft erkennen, und vielleicht werden Sie sogar die eine oder andere unserer Herangehensweisen übernehmen.

Hinweis zum Release-Stand

Die Inhalte dieses Buches beziehen sich auf den Release-Stand S/4HANA 2021. Wenn Sie ein neueres Release haben, können insbesondere die Fiori-Apps schon wieder anders aussehen oder zusätzliche Funktionen haben.

In den Text sind Kästen eingefügt, um wichtige Informationen besonders hervorzuheben. Jeder Kasten ist zusätzlich mit einem Piktogramm versehen, das diesen genauer klassifiziert:

Hinweis

Hinweise bieten praktische Tipps zum Umgang mit dem jeweiligen Thema.

Beispiel

Beispiele dienen dazu, ein Thema besser zu illustrieren.

! Achtung

Warnungen weisen auf mögliche Fehlerquellen oder Stolpersteine im Zusammenhang mit einem Thema hin.

Video

Schauen Sie sich ein Video zum jeweiligen Thema an.

Die Form der Anrede

Um den Lesefluss nicht zu beeinträchtigen, verwenden wir im vorliegenden Buch bei personenbezogenen Substantiven und Pronomen zwar nur die gewohnte männliche Sprachform, meinen aber gleichermaßen Personen weiblichen und diversen Geschlechts.

Hinweis zum Urheberrecht

Sämtliche in diesem Buch abgedruckten Screenshots unterliegen dem Copyright der SAP SE. Alle Rechte an den Screenshots hält die SAP SE. Der Einfachheit halber haben wir im Rest des Buches darauf verzichtet, dies unter jedem Screenshot gesondert auszuweisen.

1 Der Materialstamm in SAP

In einem Materialstamm sind Informationen enthalten, die von allen Komponenten des SAP-Logistiksystems genutzt werden. Informationen sowohl für die Beschaffung und Fertigung als auch für die Lagerung und den Vertrieb eines Artikels werden darin hinterlegt. Er ist die zentrale Quelle eines Unternehmens für materialspezifische Daten, um diese abzurufen und zu verarbeiten. Die einzelnen Registerkarten, auch Sichten genannt, sind nach Fachbereichen unterteilt.

Viele der Felder des SAP-Materialstamms wiederholen sich in den unterschiedlichen Sichten, da sie sowohl für die Beschaffung als auch für die Lagerung und den Vertrieb relevant sind. Darüber hinaus können die Daten eines Materialstamms nur für ein einzelnes Werk gültig sein (werksspezifische Daten) oder aber werksübergreifend verwendet werden (siehe Abbildung 1.1).

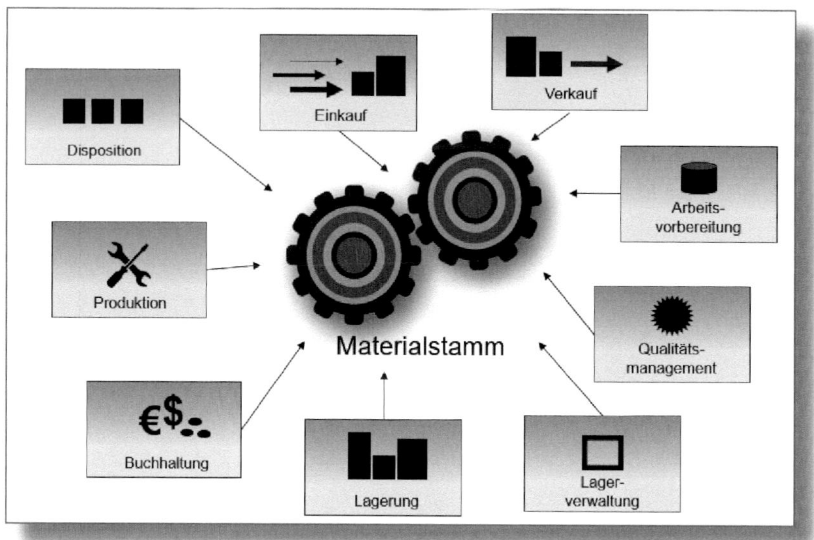

Abbildung 1.1: Materialstamm

☛ Sich wiederholende Felder

Die Basismengeneinheit ist auf sehr vielen Sichten zu finden, da sie für fast alle Fachbereiche relevant ist. Es ist aber technisch immer das gleiche Feld. Wenn Sie das Feld auf einer Sicht ändern, ist diese Änderung auch in allen anderen Sichten zu sehen. Sie können also nur eine Basismengeneinheit je Materialstammsatz verwenden.

SAP bietet mit dem Materialstamm die Integration aller Materialdaten in einem einzigen Objekt.

In den folgenden Kapiteln werden wir Ihnen die einzelnen Sichten, Segmente und Felder eines Materialstamms näherbringen. Viele der erläuterten Felder, wie z. B. die *Basismengeneinheit*, *Einkäufergruppe* oder *Chargenpflicht*, werden Sie in den unterschiedlichsten Sichten eines Materialstamms antreffen, da sie als Basis für viele Prozesse dienen. Beispielsweise ist die Basismengeneinheit sowohl für die Beschaffung, Lagerung und Bewertung als auch für den Vertrieb relevant.

In SAP S/4HANA kann der Materialstamm auch mit der Fiori-App »Produktstammdaten verwalten« angelegt und gepflegt werden. Auch hierfür erhalten Sie in diesem Buch wichtige Hinweise.

2 Allgemeine Strukturen im Materialstamm

In diesem Kapitel möchten wir Ihnen die Grunddaten des SAP-Materialstamms näherbringen. Wir werden dazu die Sicht eines Endanwenders auf die entsprechenden Felder bzw. Bereiche der Stammdaten einnehmen, um damit ein besseres Verständnis für den Zusammenhang zwischen dem technischen Feld und dessen Funktionen zu schaffen.

Bei der Erstellung von Materialstammdaten werden Sie nicht nur einzelne Felder pflegen, Sie werden auch das Material entsprechend seiner gewünschten Verwendung strukturieren. Es wird im Vorfeld entschieden, ob das Material ein eigengefertigtes oder fremdbeschafftes Produkt ist, ob es als Rohstoff, Halb- oder Fertigerzeugnis geführt wird und in welcher Einheit (Meter, Stück, Liter etc.).

Die Stammdaten werden es Ihnen ermöglichen, Einkaufs- und Vertriebstätigkeiten, Planungs-, Produktions- und Versandaktivitäten durchzuführen und diese zu überwachen. Während wir uns durch die Kapitel bewegen, werden wir an manchen Stellen näher ins Detail gehen, um die jeweiligen Einstellungen und Funktionalitäten zu erläutern.

Zur besseren Verständlichkeit möchten wir aber zunächst auf den theoretischen Teil der Grunddaten eingehen, um die Strukturen und Begrifflichkeiten zu klären, die sich durch die weiteren Kapitel ziehen werden. In Abbildung 2.1 ist ein Auszug aus den Grunddaten eines Fertigerzeugnisses abgebildet.

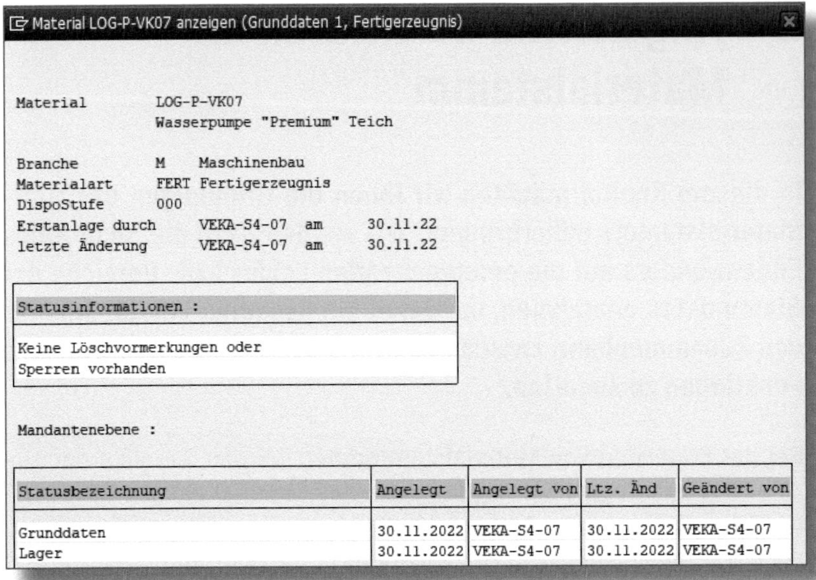

Abbildung 2.1: Grunddaten eines Fertigerzeugnisses

2.1 Struktur der Stammdaten

So gut wie alle Informationen, die in einer SAP-Transaktion ersichtlich sind, werden in einer Datenbank hinterlegt. Dieser Datenbank bzw. den Daten wird lediglich eine grafische Oberfläche übergestülpt, die wiederum das benutzerfreundliche Bedienen ermöglicht.

Jede ausgeführte Transaktion beinhaltet die dazugehörigen Informationen in Form von im System hinterlegten Daten, die in unterschiedlichen Tabellen und Feldern geführt werden. Wir werden diese später als *Segmente* erläutern. Im nachfolgenden Beispiel (siehe Abbildung 2.2) ist die Sicht DISPOSITION 1 abgebildet, ein wesentlicher Bestandteil für die Planungs-, Beschaffungs- und Produktionsparameter eines Materials. Diese Sicht beinhaltet einige Kopfdaten wie die Materialnummer, die Bezeichnung, technische Informationen, das Werk und – je nach Material und dessen Eigenschaft – auch den Revisionsstand.

Die Sicht DISPOSITION 1 ist wiederum in vier unterschiedliche Segmente gegliedert:

- ALLGEMEINE DATEN,
- DISPOVERFAHREN,
- LOSGRÖSSENDATEN und
- DISPOSITIONSBEREICHE.

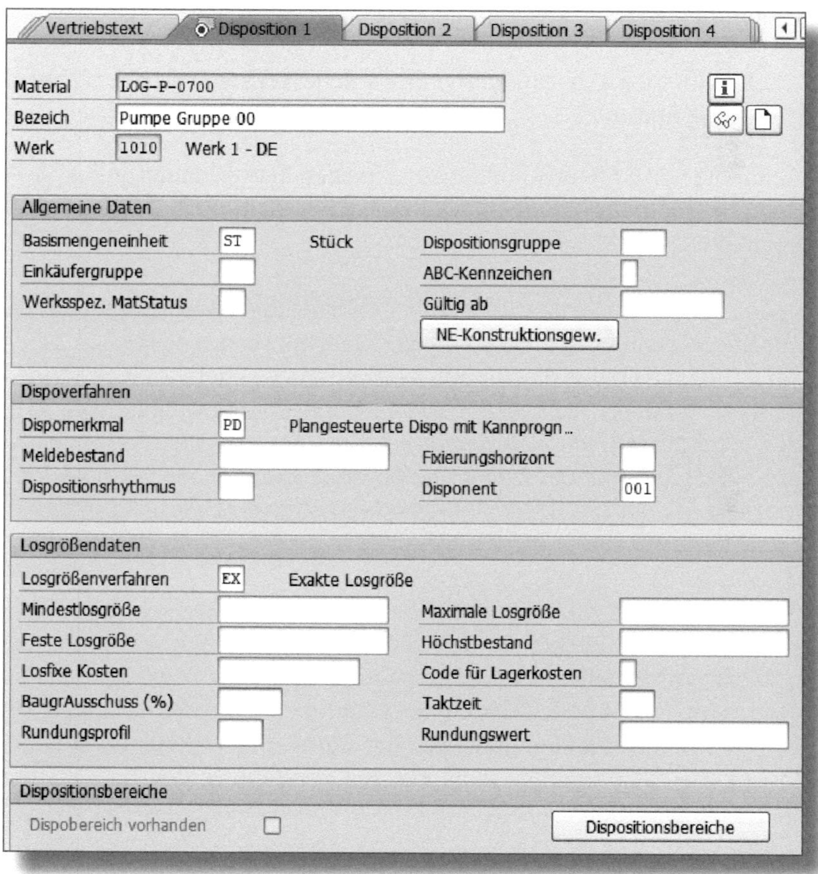

Abbildung 2.2: Sicht »Disposition 1«

Jedes Element in dem genannten Segment wird als *Feld* bezeichnet. Im gezeigten Bespiel beinhaltet das Segment Allgemeine Daten u. a. die Felder

- Basismengeneinheit,
- Dispositionsgruppe,
- Einkäufergruppe,
- ABC-Kennzeichen,
- Werksspez. MatStatus und
- Gültig ab (bezugnehmend auf den werksspezifischen Materialstatus).

Abhängig von SAP- und kundenspezifischen Einstellungen, in der SAP-Sprache *Customizing* genannt, kann das Segment noch weitere Felder beinhalten.

Jedes Feld ist im Hintergrund einer Tabelle zugeordnet. Es gibt werksspezifische und werksübergreifende Tabellen. *Werksspezifische Tabellen* umfassen Felder, die nur auf Werksebene existieren. Diese können in verschiedenen Werken unterschiedliche Einträge haben, wie z. B. den Höchstbestand. *Werksübergreifende Tabellen* wiederum beinhalten Felder, die mandantenweit gültig sind, wie z. B. die Nummer des Materials oder die Basismengeneinheit. Diese Felder sind in jedem Werk identisch.

SAP hat ergänzend eine *Strukturverwaltung* programmiert, die das Kommunizieren zwischen den Tabellen ermöglicht. Dadurch lassen sich übergreifende Informationen abrufen, die in verschiedenen Transaktionen, Tabellen und Feldern hinterlegt sind. So gelangen Sie schnellstmöglich an die gewünschten Daten. Diese Verbindungen untereinander werden Ihnen nicht nur das Verständnis des Aufbaus der Materialstammdaten, sondern auch der individuellen Reports erleichtern.

Für nahezu jedes Feld ist eine *technische Information* vorhanden, die die entsprechende Tabelle und den Feldnamen beinhaltet. Im untenstehenden Beispiel (siehe Abbildung 2.3) ist die technische Information für das Feld »Einkäufergruppe« abgebildet. Dieses Feld hat den technischen Namen EKGRP und ist in der Tabelle MARC hinterlegt.

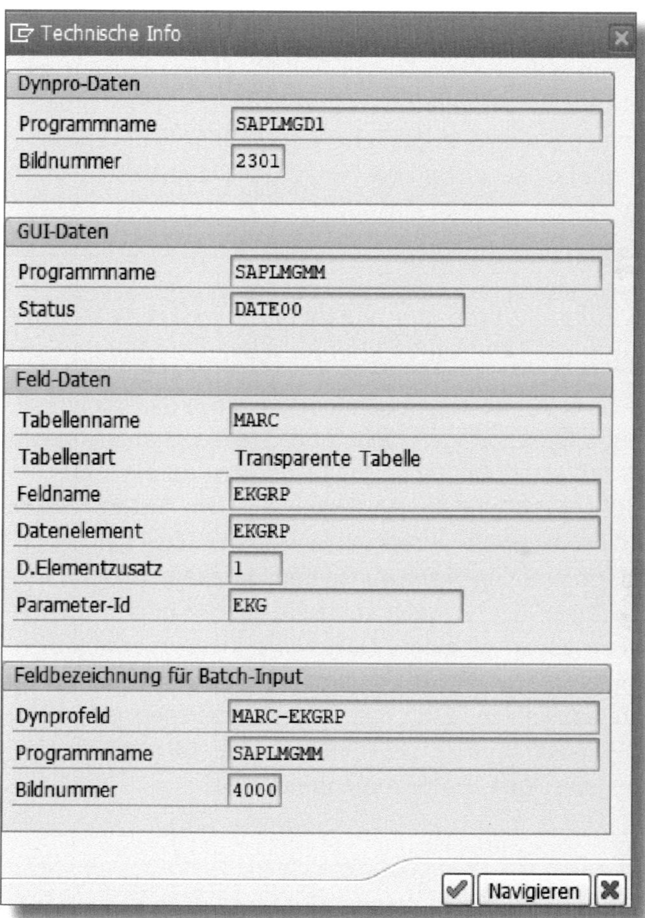

Abbildung 2.3: Technische Information – Tabellen- und Feldname

☛ Abrufen von Informationen über Tabellen- und Feldnamen

Es bestehen viele Möglichkeiten, über Standard-SAP-Transaktionen an benötigte Informationen zu gelangen. Wenn es allerdings mal schneller und eventuell einfacher gehen soll, können bestimmte Informationen auch direkt über Tabellen ausgelesen werden. Beispielsweise lässt sich über die Transaktion *SE16N* nahezu jede gewünschte Tabelle aufrufen, die dann die erforderlichen Felder beinhaltet. So könnten Sie etwa in der Tabelle MARC das Feld »EKGRP« (Einkäufergruppe) einsehen und bei Bedarf ganz schnell herausfinden, welches Material welcher Einkäufergruppe zugeordnet ist.

Abrufen von Einkäufergruppen zu bestimmten Materialnummern über die allgemeine Tabellenanzeige

Sie möchten gerne für bestimmte Materialien die in SAP hinterlegten Einkäufergruppen abfragen, ohne über Standardtransaktionen auf die Suche zu gehen. Der technische Feldname für die Materialnummer lautet MATNR und für die Einkäufergruppe EKGRP. Beide sind in der Tabelle MARC hinterlegt. Starten Sie die Transaktion *SE16N* und selektieren Sie die gewünschten Materialnummern. Anschließend müssen Sie nur noch anhaken, welche Informationen Sie ausgegeben haben möchten. Sollten Sie mehr Informationen als die Einkäufergruppe (EKGRP) benötigen, so können Sie diese entsprechend auswählen, z. B. das ABC-Kennzeichen (MAABC) oder die Planlieferzeit (PLIFZ). Die Transaktion *SE16N* zeigt alle Felder an, die der jeweiligen Tabelle zugeordnet sind.

☛ Erweiterte Abfrage über Tabellen Joins

Nachdem Sie ein wenig Erfahrung mit Tabellen und Feldern gesammelt haben, können Sie Ihren eigenen Report aufbauen und Daten aus unterschiedlichen Tabellen abrufen. Anders als mit der Transaktion *SE16N*, die immer nur eine Tabelle anzeigen kann, besteht die Möglichkeit, mit den Transaktionen *SQVI*, *SQ01* oder *SQ02* sogenannte *Tabellen-Joins* (Verbindungen/Verknüpfungen) zu erstellen und auf diese Weise Informationen abzurufen, die in verschiedenen Tabellen hinterlegt sind. Zu Beginn würden wir empfehlen, mit dem *SAP QuickViewer (SQVI)* zu starten, um sich schnell eigene Reports aufzubauen, da dieser einfach und übersichtlich ist. Die Transaktionen *SQ01* und *SQ02* sind eher für fortgeschrittene Anwender geeignet. Mit ihnen lassen sich mehr Funktionen bereitstellen, wie z. B. das Freigeben von selbst erstellten Reports für bestimmte Benutzer oder Benutzergruppen, während der SQVI lediglich benutzerspezifische Reports zulässt.

In Abbildung 2.4 sehen Sie alle für den Materialstamm relevanten Tabellen.

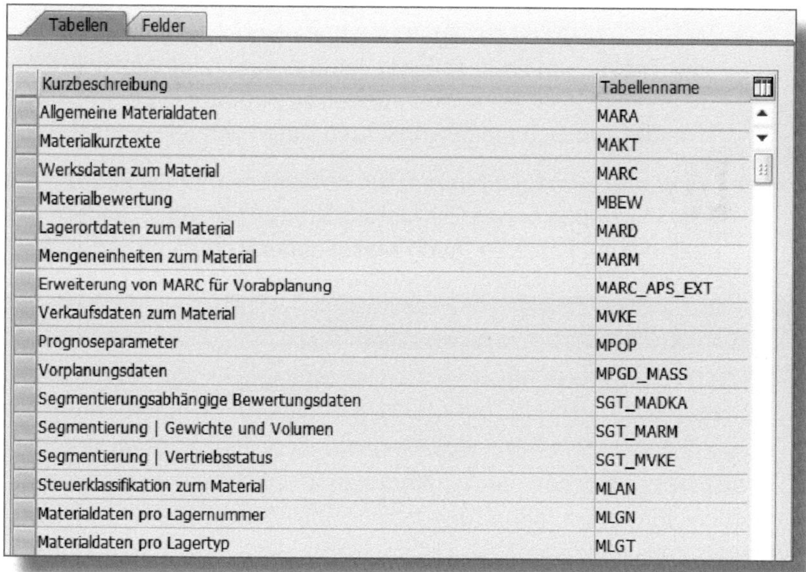

Kurzbeschreibung	Tabellenname
Allgemeine Materialdaten	MARA
Materialkurztexte	MAKT
Werksdaten zum Material	MARC
Materialbewertung	MBEW
Lagerortdaten zum Material	MARD
Mengeneinheiten zum Material	MARM
Erweiterung von MARC für Vorabplanung	MARC_APS_EXT
Verkaufsdaten zum Material	MVKE
Prognoseparameter	MPOP
Vorplanungsdaten	MPGD_MASS
Segmentierungsabhängige Bewertungsdaten	SGT_MADKA
Segmentierung | Gewichte und Volumen	SGT_MARM
Segmentierung | Vertriebsstatus	SGT_MVKE
Steuerklassifikation zum Material	MLAN
Materialdaten pro Lagernummer	MLGN
Materialdaten pro Lagertyp	MLGT

Abbildung 2.4: Materialstammtabellen

2.1.1 Optionen für die Materialstammpflege

Zum Bearbeiten der Materialstämme können Sie die folgenden Transaktionen und Fiori-Apps nutzen:

- *MM01 – Material anlegen* (auch als Fiori-App verfügbar): Mit dieser Transaktion erfolgt die initiale Anlage eines Materials. Sie haben die Möglichkeit, ein vorhandenes Material als Vorlage zu verwenden oder aber eine Neuanlage ohne Bezug vorzunehmen.
- *MM02 – Material ändern* (auch als Fiori-App verfügbar): Diese Transaktion ermöglicht, Änderungen an einem vorhandenen Material durchzuführen, wie z. B. den Sicherheitsbestand einzustellen oder die Einkäufergruppe zu ändern. Es lassen sich jedoch nicht alle Daten ändern, nachdem das Material einmal angelegt worden ist. Beispielsweise sind der Bewertungspreis oder die Materialart nach der initialen Anlage nur noch eingeschränkt änderbar.
- *MM03 – Material anzeigen* (auch als Fiori-App verfügbar): Wie der Titel schon erahnen lässt, ist dies eine reine Anzeigetransaktion. Sie lässt keine Änderungen zu und wird in der Regel verwendet, um sich die gewünschten Daten schnell anzusehen.
- *Fiori-App »Produktstammdaten verwalten«* (App-ID F1602): Mit der Fiori-App können Sie Materialstämme anlegen, ändern, anzeigen und kopieren. Auch Massenpflege ist damit möglich.

! Besonderheiten in SAP Retail

Wenn Ihr System ein Retail-System ist, müssen Sie statt den Transaktionen *MM01*, *MM02* und *MM03* die retailspezifischen Transaktionen *MM41*, *MM42* und *MM43* verwenden. Diese haben die Besonderheit, dass dort auch lieferantenspezifische Daten gepflegt werden, für die in Industriesystemen Infosätze separat angelegt werden müssen.

2.2 Anlage eines Materialstamms

Ein Materialstamm beinhaltet sämtliche Informationen zu einem Produkt, sowohl die Materialnummer als auch die Bezeichnung, die das Material beschreibt. Darüber hinaus werden dort Werte hinterlegt, die es erlauben, das Material zu beschaffen, zu produzieren und zu verkaufen.

Ein Materialstamm ist zwingend notwendig, wenn Sie ein Material im Bestand führen wollen. Ansonsten empfiehlt sich ein Materialstamm bei wiederholter Beschaffung auch für den Verbrauch. Es spielt dabei keine Rolle, ob Sie produzierendes Unternehmen, Dienstleister oder Behörde sind.

Für die Anlage eines Materialstammsatzes verwenden Sie die Transaktion *MM01* oder die Fiori-App »Produktstammdaten verwalten«. Zunächst widmen wir uns der Transaktion *MM01*. Nach dem Transaktionsstart erscheint der in Abbildung 2.5 dargestellte Screen.

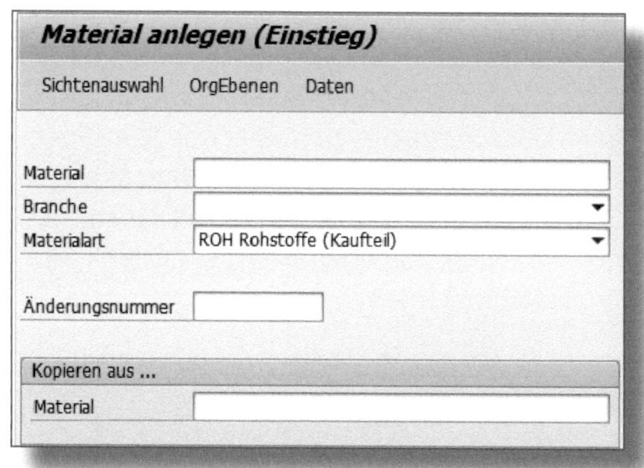

Abbildung 2.5: Material anlegen – Einstieg

MATERIAL

Hier geben Sie die Materialnummer ein, die das Material eindeutig identifiziert.

Es gibt mehrere Möglichkeiten, eine Materialnummer zu vergeben: Entweder Sie lassen das Feld leer, und SAP vergibt automatisch die nächste verfügbare Materialnummer; oder Sie tragen eine Materialnummer ein, die bis zu 40 frei wählbare Zeichen beinhalten kann.

Welche Art der Vergabe (intern oder extern) und welche Nummernkreise möglich sind, wird im Customizing hinterlegt. Hierfür wird jede Materialart einer Gruppe zugeordnet. Bei externer Vergabe kann geprüft werden, ob die Nummer dem Nummernkreis entspricht. Interne Nummernkreise müssen immer numerisch sein. Externe Nummernkreise können dagegen auch alphanumerisch sein. Wenn Sie eine Materialnummer mit mehr als 18 Zeichen benötigen, müssen Sie die Feldlängenerweiterung im Customizing aktivieren (Transaktion *FLETS*).

Eigene Materialnummernkreise in SAP

Wir haben in mehreren Unternehmen mit den verschiedensten Materialnummern gearbeitet und die Vorteile eines eigenen Nummernkreises erfahren. Daher empfehlen wir Ihnen die Vergabe von eigenen Materialnummern. Zum einen hat dies den Vorteil, dass die Daten einfacher nach Produktgruppen und Produktfamilien gestaltet und somit müheloser abgerufen werden können, wie z. B. die Lagerbestände aller Lacke oder Verpackungen über den jeweiligen Nummernkreis. Zum anderen hilft es den Mitarbeitern im Tagesgeschäft, die Artikel zu finden. Wenn z. B. alle Lacke mit einem bestimmten Nummernkreis beginnen, kann der Mitarbeiter den Platz des Artikels im Lager gezielter ansteuern.

Fallbeispiel für eigene Materialnummernkreise

Das Unternehmen Schmidt bildet Produktgruppen über eigene Nummernkreise ab. Alle Lacke beginnen mit der Materialnummer 200, alle Granulate mit 300 und Verpackungen mit 360. Wenn die Lagermitarbeiter nun die Kommissionierliste für die Fertigung erhalten, erkennen sie bereits anhand der Materialnummer, um welche Produktgruppe es sich handelt, und sind dadurch schneller mit der Kommissionierung der Artikel.

Fallbeispiel für fortlaufende Materialnummern

Das Unternehmen Müller hat sich für die Vergabe von fortlaufenden Materialnummern entschieden. Alle Artikel beginnen mit 1000 und werden bei der Anlage automatisch hochgezählt. Dadurch ergeben sich Artikelnummern wie 1000000042, 1000000043 oder 1000000044. Beim Kommissionieren muss der Lagermitarbeiter zumeist jede Materialnummer in SAP abrufen, damit er identifizieren kann, um welchen Artikel es sich handelt – jedenfalls sofern er nicht über die Materialbezeichnung weiterkommt.

In der Praxis kommen beide Nummerierungsformen vor.

Problematisch wird es, wenn zwei Firmen fusionieren und dann die Materialstämme miteinander harmonisieren müssen. In so einem Fall ist die Wahrscheinlichkeit, dass beide Firmen dieselben Materialnummer verwenden, bei externer und alphanumerischer Vergabe (z. B. P-2023-Z4) geringer als bei interner Vergabe.

BRANCHE

Hier wird dem Material ein Industriezweig zugeordnet. Abhängig von der Selektion werden die nachfolgenden Eingabemasken in einer logischen Reihenfolge (Bildsequenz) erscheinen. Es gibt auch branchenspezifische Felder, die nur dann erscheinen, wenn die entsprechende Branche ausgewählt wird.

MATERIALART

Hier wird die Materialart des gewünschten Artikels hinterlegt. Von *ROH* (Rohstoff), *HALB* (Halbfabrikat) oder *FERT* (Fertigerzeugnis) bis hin zu *HAWA* (Handelsware) oder *UNBW* (unbewertetes Material) bietet SAP ein großes Spektrum an Auswahlmöglichkeiten. Ähnlich wie bei der Branche ist bei der Materialart eine Logik hinterlegt, die gewisse Felder erscheinen lässt, wenn eine bestimme Materialart ausgewählt wurde.

☛ Materialarten

Neben der Feld- und Bildauswahl sowie der Nummernvergabe sind die Mengen- und Wertfortschreibung die wichtigsten Unterscheidungskriterien bei den Materialarten. Die Materialarten *ROH* (Rohstoffe), *HALB* (Halbfabrikate), *FERT* (Fertigerzeugnisse) und *HAWA* (Handelswaren) beispielsweise haben eine Mengen- und Wertfortschreibung. Das heißt, die Materialien dieser Materialarten werden sowohl mengen- als auch wertmäßig im Bestand geführt. Materialien der Materialart *UNBW* (unbewertete Materialien) dagegen haben nur eine mengenmäßige Bestandsführung. Sie können daher nur für den Verbrauch beschafft werden. Materialien der Materialart *NLAG* (Nichtlagermaterial) haben weder Mengen- noch Wertfortschreibungen. Auch sie können nur für den Verbrauch beschafft werden. Dies gilt auch für Materialien der Materialart *SERV* (Services), die neu in SAP S/4HANA ist. Mit Materialien dieser Materialart können Dienstleistungen (Produkttypgruppe 2) beschafft werden. Die Besonderheit dabei ist, dass Sie im Beschaffungsprozess anstelle eines Wareneingangs eine Leistungserfassung buchen (nur mittels Fiori-App möglich).

Änderungsnummer

Diese wird verwendet, um Änderungen an einem Materialstamm zu verfolgen. Sollten Sie sich entschieden haben, mit Änderungsnummern zu arbeiten, können Sie weitere Einschränkungen wie »Freigabe der Änderung« für unterschiedliche Unternehmensbereiche oder »Änderungen mit Gültigkeitsdatum« nutzen. Änderungen an einem Materialstammsatz werden aber auch ohne die Änderungsnummernverwaltung im Hintergrund protokolliert.

Kopieren aus ... Material

Wie bereits zu Beginn des Kapitels erwähnt, lässt sich ein neues Material auch mit Bezug auf ein bereits bestehendes Material anlegen. Allgemeine Daten wie die Basismengeneinheit oder das Dispoverfahren werden vom Vorlagematerial übernommen, wodurch sich der Artikel schneller anlegen lässt. Dies ist oft ein bequemer Weg, wenn bereits ähnliche Artikel vorhanden sind. Das Anlegen mit Vorlage können Sie auch verwenden, um ein bestehendes Material zu erweitern, beispielsweise um eine weitere Sicht, für ein weiteres Werk oder eine weitere Verkaufsorganisation.

! Prüfen Sie bei Anlage mit Vorlage sorgfältig!

Es ist besondere Vorsicht geboten, wenn ein bereits vorhandenes Material als Vorlage genutzt wird. Es ist relativ wahrscheinlich, dass Sie nicht sämtliche Felder identisch übernehmen möchten. Überprüfen Sie deshalb unbedingt während oder nach der Anlage, ob die Felder Ihren Vorstellungen entsprechend gefüllt sind.

Nachdem Sie die benötigten Informationen in die von uns soeben beschriebenen Felder eingegeben haben, wird Sie das System auffordern, die zur Vervollständigung Ihrer Materialstammanlage benötigten Sichten (siehe Abbildung 2.6) auszuwählen. Selektieren Sie die von Ihnen gewünschten Sichten und bestätigen Sie das Fenster mit `Enter` auf Ihrer Tastatur.

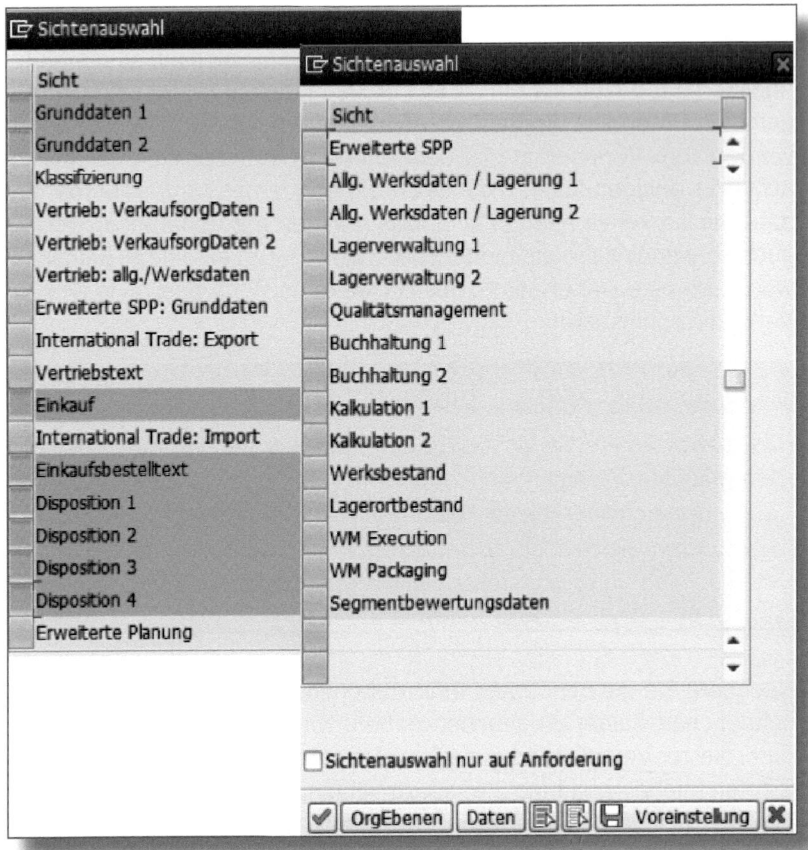

Abbildung 2.6: Sichtenauswahl

Nachdem Sie die Sichten ausgewählt haben, wird Sie das System auffordern, die ORGANISATIONSEBENEN anzugeben (siehe Abbildung 2.7).

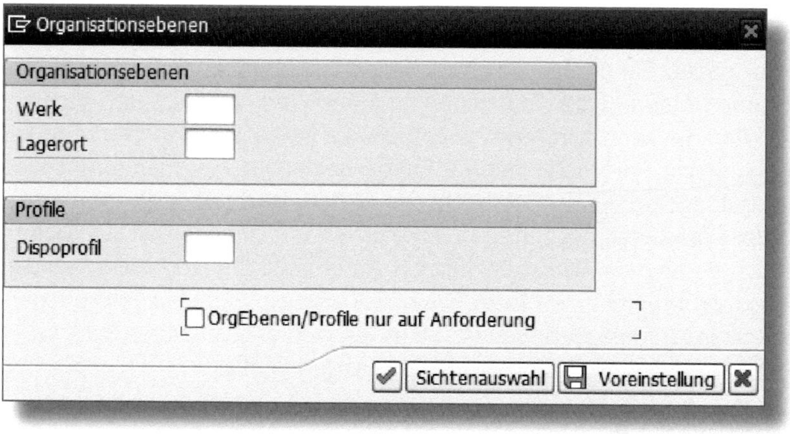

Abbildung 2.7: Organisationsebenen ohne Vertriebssichten

Hier werden das WERK und der LAGERORT eingegeben, in denen das Material angelegt wird. Abhängig von der Materialart und den in Abbildung 2.6 gewählten Sichten kann dieses Fenster noch weitere Felder wie VERKAUFSORG. oder VERTRIEBSWEG beinhalten (siehe Abbildung 2.8). Diese Felder erscheinen, wenn bei der Sichtenauswahl die Vertriebssichten selektiert wurden.

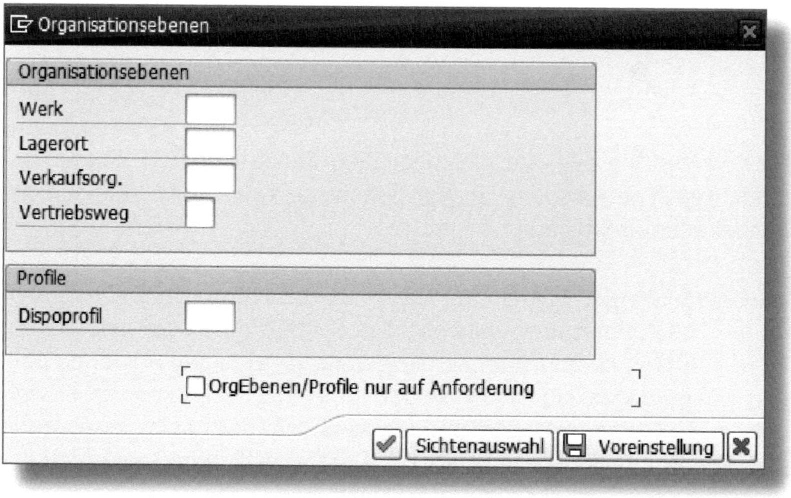

Abbildung 2.8: Organisationsebenen – Vertriebssichten

Werk

Hier geben Sie an, für welches Werk das Material angelegt wird. Die Stammdaten müssen individuell für jedes Werk angelegt und gepflegt werden. Es kann durchaus sein, dass die verschiedenen Werke unterschiedliche Parameter haben. Einige Felder im Materialstamm sind global, andere werksspezifisch. Die Materialnummer z. B. ist ein globaler Parameter, der für alle Werke gleich ist. Dagegen ist der Sicherheitsbestand ein werksspezifischer Parameter, der sich zwischen den Werken unterscheiden kann. Wenn Sie also ein globales Feld pflegen, ist dieses für alle Werke gültig. Ist es ein werksspezifisches Feld, so ist der Eintrag lediglich für das selektierte Werk gültig.

Lagerort

Hier tragen Sie die Nummer des Lagerorts ein, in dem das Material bestandsmäßig geführt wird. Es kann für ein Material einen oder mehrere Lagerorte innerhalb eines Werks geben. Je Transaktionsaufruf kann immer nur ein Lagerort gepflegt werden.

Verkaufsorg.

Hier hinterlegen Sie die organisatorische Einheit, die für den Vertrieb eines Produkts zuständig ist.

Vertriebsweg

Hier wählen Sie aus, auf welchem Weg der Artikel zum Kunden gelangt. Typische Beispiele für Vertriebswege sind Großhandel, Einzelhandel oder Direktverkauf.

Nachdem Sie die Felder der Organisationsebenen befüllt und mit `Enter` bestätigt haben, wird Sie das System durch die selektierten Sichten führen und auffordern, die jeweils zugehörigen Felder zu pflegen. Einige davon sind Pflichtfelder, müssen also immer befüllt werden, andere hingegen sind optional und erfordern keine zwingende Eingabe. Die Basismengeneinheit z. B. ist ein Pflichtfeld, während der Sicherheitsbestand auch leer gelassen werden kann.

☛ Sichten und Organisationsebenen vorbelegen

Wenn Sie immer die gleiche Branche nutzen, die gleichen Sichten anlegen oder die gleichen Organisationsebenen benötigen, können Sie diese im Menü unter EINSTELLUNGEN auswählen. Sichten und Organisationsebenen können Sie auch im jeweiligen Pop-up vorbelegen.

! Zentrale oder dezentrale Materialstammpflege?

Es gibt verschiedene mögliche Vorgehensweisen für die Materialstammpflege. In großen Unternehmen wird sie häufig von einer zentralen Stelle durchgeführt. Wenn neben SAP S/4HANA auch noch weitere Systeme im Einsatz sind (z. B. SAP SCM), wird auch oft das zentrale Stammdatensystem *SAP MDG* (Master Data Governance) verwendet. Vorteil: Die Daten sind in allen Systemen einheitlich und müssen nicht mehrfach gepflegt werden. Bei dezentraler Pflege (jede Abteilung pflegt nur die eigenen Daten) können Sie mit der Transaktion *Erweiterbare Materialien (MM50)* feststellen, ob Sie noch Materialien pflegen müssen (siehe Abschnitt 11.3).

2.3 Intercompany-Business-Modell

Je nach Geschäftsmodell und den vorgesehenen Prozessen kann es sein, dass ein *Intercompany-Business-Modell* eingesetzt wird. Beispielsweise beschafft ein Werk zentral alle Rohstoffe und verteilt diese an die produzierenden Zweigstellen. Oder aber ein Produkt wird in einem Werk bis zu einem bestimmten Grad gefertigt und anschließend an einem anderen Standort komplettiert. Dafür bietet sich das Intercompany Business an, bei dem Artikel zwischen verschiedenen Standorten ausgetauscht werden. SAP bietet dafür gute und transparente Lösungen, für die allerdings gewisse Voraussetzungen erfüllt sein müssen.

Bessere Konditionen mit dem Intercompany Business

Im operativen Tagesgeschäft hatten wir den Fall, dass die Zentrale die Beschaffung und Bevorratung der Rohstoffe sichergestellt und diese anschließend an die produzierenden Standorte verteilt hat. Der Vorteil dabei war, dass gute Konditionen für die Beschaffung ausgehandelt werden konnten, da das Einkaufsvolumen, verglichen mit dem, das jeder Standort einzeln für sich erreicht hätte, deutlich höher war. Darüber hinaus war die Bestandsverantwortung zentral gebündelt.

Um die dazugehörigen Prozesse so schlank und transparent wie möglich zu halten, waren identische Materialnummern an den beteiligten Standorten erforderlich. So ließ sich die Abwicklung über denselben Beleg durchführen, was die Anlage, das Handling und die Verwaltung der Dokumente vereinfacht hat.

In der Regel wird pro Seite (beschaffendes Werk und lieferndes Werk) jeweils ein Beleg benötigt. Das beschaffende Werk braucht eine Bestellung, um den Zugang im System abzubilden, und das liefernde Werk einen Kundenauftrag, um den Bedarf ins System übertragen und anschließend den Besteller beliefern zu können. Mit dem Intercompany-Business-Modell können sich die Werke einen Beleg teilen und damit die Komplexität und das Datenaufkommen reduzieren. Unmittelbar nach der Anlage im beschaffenden Werk ist der Beleg im produzierenden Werk sichtbar. Dadurch entsteht eine Abhängigkeit zwischen den Beteiligten. Jede Änderung hat sofortige Auswirkungen. Aus diesem Grund ist es wichtig, dass die übermittelten Daten korrekt und abgestimmt sind.

Im Intercompany-Business-Modell kombiniert ein Beleg die Aktivitäten und Dokumente der Beschaffung (MM), des Versands (SD) und der Buchhaltung (FI/CO). Sowohl die Beschaffung als auch die Belieferung und Verrechnung finden also über denselben Beleg statt, der sich automatisch durch die beteiligten Werke zieht und sofort nach Anlage sichtbar ist. Es ist keine weitere Erstellung von Belegen erforderlich, um den Bedarf ins System aufzunehmen.

Die technischen Mindestvoraussetzungen, um dieses Modell nutzen zu können, sind identische Materialnummern in den beteiligten Werken und die Verwendung der gleichen Systemlandschaft. Natürlich sind darüber hinaus SAP-Einstellungen wie Lagerorte und Versandstellen zwingend erforderlich, aber das wären sie auch unabhängig vom Intercompany-Business-Modell. Daher gehen wir an dieser Stelle nicht weiter darauf ein. Des Weiteren sind Abstimmungen von Parametern wie Mindestlosgröße und Rundungswerte zwischen den Werken notwendig, um den Prozess so störungsfrei wie möglich zu halten.

2.4 Persönliche Anmerkung

Die SAP-Stammdaten bieten sehr viele Möglichkeiten, dem Mitarbeiter bzw. Anwender von SAP das Leben zu erleichtern. Rundungswerte, Mindestlosgröße, feste Anliefertage, Sicherheitsbestände, Fixierungshorizonte: Das sind alles Begriffe, die einem Disponenten bzw. Einkäufer oder Planer helfen können, das Arbeitsaufkommen in der gesamten Supply Chain zu optimieren.

Viele Kollegen, die wir im Laufe der Jahre kennengelernt haben, beschäftigen sich sehr wenig mit den Stammdaten. Manche aus mangelndem Interesse, anderen wiederum fehlt die Kenntnis darüber, was die jeweiligen Felder tatsächlich auslösen. Dabei können schon so einfache Dinge wie ein gepflegter Rundungswert in Kombination mit einer Mindestbestellmenge und einem festen Anliefertag eines Lieferanten sowohl die Arbeit des Einkäufers als auch die des Lagermitarbeiters erleichtern.

Fallbeispiel: Kombination verschiedener Felder im Materialstamm

Der Automobilzulieferer Carlos AG fertigt Cockpits inklusive Airbags für die Fahrer- und Beifahrerseite. Einige der Bauteile wie der Kanal für die Klimaanlage wurden aus Spanien beschafft. Diese Bauteile sind jedoch aufgrund ihrer sperrigen Dimensionen schwierig zu disponieren. Auch die benötigten Stückzahlen vereinfachen die Abwicklung nicht. Eine Lkw-Lieferung deckt gerade einmal den

Produktionsbedarf von knapp zwei Tagen, und die Lagermitarbeiter sind intensiv damit beschäftigt, diese großen und sperrigen Paletten abzuwickeln. Die Lagerfläche ist ebenfalls nicht groß genug, um beispielsweise einen Wochenbedarf zu bevorraten.

Die Carlos AG vereinbart daher mit dem Zulieferer einen festen Anlieferzyklus. Im Materialstamm für die besagte Komponente wird die Mindestlosgröße auf eine Lkw-Ladung eingestellt, der Rundungswert auf eine Palettengröße und die Anliefertage für den Lieferanten auf Montag, Mittwoch und Freitag.

Zum einen erhöht dies die Versorgungsstabilität seitens des Lieferanten, zum anderen wird das Arbeitsaufkommen für das Lager planbarer. Somit kann auch die Fertigung kontinuierlich bedient werden, ohne große Lagerbestände vorhalten zu müssen. Gleichzeitig ist die Kapitalbindung für die teure Komponente sehr gering.

3 Grunddaten

Nachdem wir uns in Kapitel 2 einen generellen Überblick über den Materialstamm und seinen Aufbau verschafft haben, steigen wir nun tiefer in die Materie ein, indem wir uns in den nachfolgenden Abschnitten die jeweiligen Sichten und zugehörigen Felder für die Grunddaten eines Materialstamms anschauen.

In den Grunddaten hinterlegen Sie Materialeigenschaften, die für die Planung, Beschaffung, Produktion, Buchhaltung und den Vertrieb hilfreich oder auch notwendig sind. Beispielsweise geht es um Angaben wie die Basismengeneinheit, die Warengruppe oder die Gewichte und Volumina eines Artikels. Durch die Pflege solch grundlegender Informationen erhalten Personen, die sich den Materialstamm ansehen, wichtige Informationen für ihren eigenen Arbeitsbereich.

3.1 Grundlegende Informationen

Die maßgeblichen Attribute eines Materials werden in den nachfolgenden drei Sichten gepflegt:

- Grunddaten 1,
- Grunddaten 2 und
- Klassifizierung.

Diese Sichten beinhalten beispielsweise die Basismengeneinheit, Gewicht, Warengruppe, Fertigungs- und Prüfhinweise oder Gefahrgutkennzeichnungen. Die Felder sind als *globale* Felder definiert, d. h., dass Änderungen für alle Werke relevant sind, in denen dieses Material angelegt ist.

3.2 Sicht »Grunddaten 1«

Wie der Titel schon vermuten lässt, handelt es sich bei den GRUNDDATEN 1 (siehe Abbildung 3.1) um die Sicht, in der grundlegende Informationen über den Artikel gepflegt sind. Diese sind in der Regel von denjenigen vorgegeben, die eine Materialstammanlage beantragen, und werden im Laufe der Jahre selten angepasst.

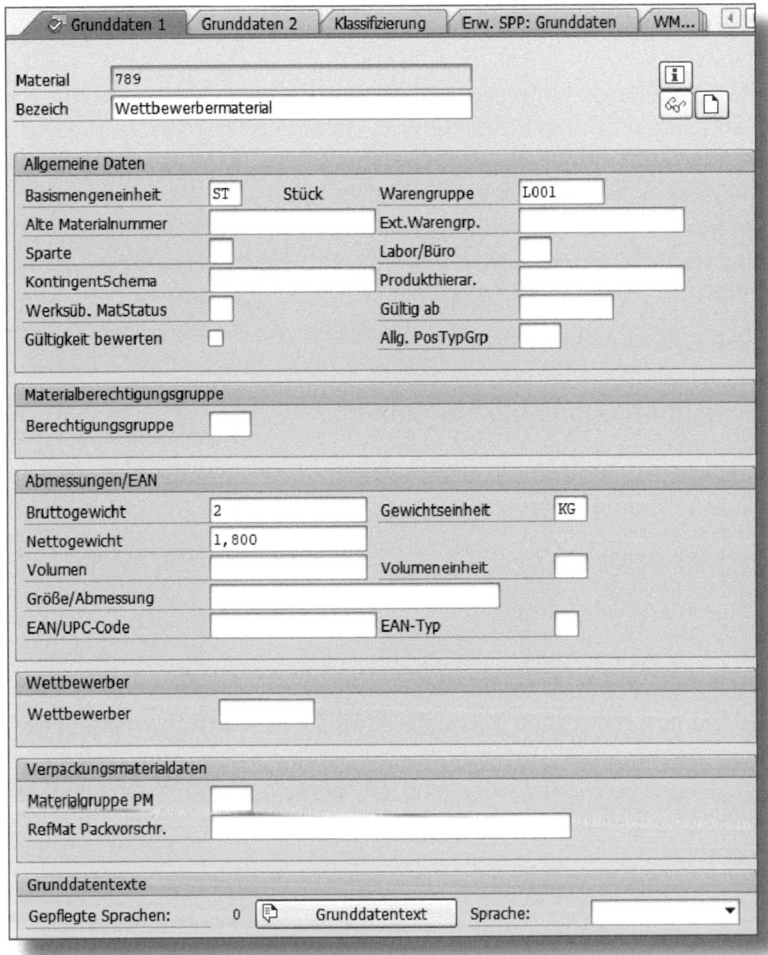

Abbildung 3.1: Sicht »Grunddaten 1«

Die Grunddaten-1-Sicht ist in folgende Segmente unterteilt:

- ALLGEMEINE DATEN,
- MATERIALBERECHTIGUNGSGRUPPE,
- ABMESSUNGEN/EAN,
- WETTBEWERBER (optional),
- VERPACKUNGSMATERIALDATEN und
- GRUNDDATENTEXTE.

Beispielsweise können Sie im Bereich MATERIALBERECHTIGUNGSGRUPPE das Feld BERECHTIGUNGSGRUPPE verwenden, um den Zugriff auf bzw. die Änderung von sensiblen Feldern zu unterbinden.

3.2.1 Allgemeine Daten

BASISMENGENEINHEIT

Hier hinterlegen Sie die Mengeneinheit, in der die Bestände des Materials geführt und bewertet werden. Sofern ein Material in einer anderen Mengeneinheit beschafft wird, beispielsweise einer, die der Zulieferer verwendet, wird diese – sofern notwendig – automatisch in die Basismengeneinheit des eigenen Unternehmens umgerechnet. Als Basismengeneinheit (BME) wird in der Regel die kleinste Mengeneinheit verwendet, in der das Material bestandsmäßig geführt werden kann.

Dieses Feld taucht in zahlreichen Sichten auf, von den Grunddaten bis hin zu den Vertriebs-, Einkaufs- und Lagersichten.

Alternative Mengeneinheiten

Es ist denkbar, dass etwa ein Zulieferer aus den USA einen Artikel in der Einheit Fuß (engl.: »feet«, *ft*) verwaltet, ein deutsches Unternehmen jedoch in Metern *(m)*. In solchen Fällen könnten die *alternativen Mengeneinheiten* Abhilfe schaffen. Nachdem diese gepflegt worden sind, rechnet das System automatisch in die ausgewählte

Basismengeneinheit um. Prinzipiell rechnet SAP alle Mengeneinheiten einer Dimension (z. B. Masse) automatisch um. Wenn also ein Material in der Basismengeneinheit Kilogramm geführt wird, können in den logistischen Prozessen auch Gramm oder Tonne verwendet werden, ohne dass Sie hierfür eine Umrechnung angeben müssen.

WARENGRUPPE

Diese fasst mehrere Materialien oder Dienstleistungen mit identischen Eigenschaften zusammen. Sobald werksspezifische Sichten verwendet werden, ist die Warengruppe ein Mussfeld. Die Warengruppe steht in vielen Auswertungen als Selektionskriterium zur Verfügung.

Eigene Warengruppen oder ECLASS?

Sie können für Warengruppen eigene Schlüssel verwenden. Diese können auch – insbesondere im Handel – hierarchisch aufgebaut sein. Es gibt aber auch viele Unternehmen, die statt der eigenen Schlüssel den weltweit gültigen Datenstandard ECLASS nutzen.

ALTE MATERIALNUMMER

Falls für einen Artikel ursprünglich eine andere Materialnummer verwendet wurde, können Sie auf diese referenzieren, indem Sie dieses Feld nutzen. Wenn etwa durch die Implementierung von SAP die ursprünglich verwendete Materialnummer auf eine von SAP vergebene geändert wird, verbinden Sie auf diese Weise beide Nummern miteinander. Mithilfe der SAP-Suchfunktion kann z. B. nach der alten Nummer gesucht werden, um die neue zu finden, oder auch umgekehrt.

EXT. WARENGRP.

Sie hat denselben Zweck wie die zuvor beschriebene WARENGRUPPE, ist allerdings dafür gedacht, die Gruppierung auf Basis einer übergeordneten Systematik vorzunehmen. Beispielsweise kann Ihre Warengruppe *Rohre* beinhalten, aber die externe Warengruppe *Metalle*. Im Handel wird in Deutschland auch häufig die CCG-Warengruppe eingetragen. CCG steht für *Centrale für Coorganisation*.

SPARTE

Anhand der Sparte ermittelt das System den Vertriebs- und Geschäftsbereich, der einem Produkt zugeordnet ist. Das Feld ermöglicht somit die Gruppierung von Materialien z. B. zum Zweck der Erstellung von Verkaufsstatistiken oder der Planung von Marketingaktivitäten. Beispielsweise könnte ein Groß- oder Einzelhandelsvertriebsweg jeweils in einer eigenen Sparte abgebildet werden.

LABOR/BÜRO

Wird benutzt, um den zuständigen Entwickler oder Konstrukteur bzw. das Entwicklungs- oder Konstruktionsbüro zuzuordnen. Dadurch können Fragen zur Konstruktion/zum Design gezielt an die jeweilige Person/das jeweilige Büro adressiert werden.

KONTINGENTSCHEMA

Das *Kontingentierungsschema* legt fest, wie ein Produkt kontingentiert wird. Es ermöglicht eine noch präzisere Verfügbarkeitsprüfung während des Planungs- und Vertriebsprozesses. Im SAP-Customizing können die entsprechenden Einstellungen vorgenommen werden. Dabei wird u. a. festgelegt, wie sich das System verhalten soll, wenn eine *ATP-Prüfung (Verfügbarkeitsprüfung)* durchgeführt wird. Soll das System alte Kontingente ignorieren und sich nur auf die Planungsperiode des Wunschliefertermins konzentrieren, oder soll es ebenfalls offene Mengen von vorherigen Perioden berücksichtigen?

Fallbeispiel OP-Masken

Maskenhersteller Hämmerle kann von einer Maske nur zwei Millionen Stück pro Jahr herstellen. Aufgrund einer Pandemie ist die Nachfrage aber um ein Vielfaches höher. Damit nicht ein Kunde die gesamte Produktion aufkauft, arbeitet Hämmerle mit Kontingenten, die er aus den bisherigen Bestellungen der Kunden ableitet. Beim Bestelleingang wird die gewünschte Menge mit diesem Kontingent abgeglichen. Somit bekommt zwar kein Kunde die gewünschten Mengen, aber alle Kunden werden anteilig beliefert und erhalten somit mindestens die Mengen, die sie in der Vergangenheit gekauft haben.

PRODUKTHIERAR.

Die Produkthierarchie ermöglicht es, Produkte zu einer Produktstruktur hinzuzufügen. Die Produktstruktur kann verwendet werden, um Analysen, etwa bezüglich der Liefertreue bestimmter Produktfamilien an die Kunden, zu erstellen (siehe auch Abschnitt 4.3.1).

WERKSÜB. MATSTATUS

Der *werksübergreifende Materialstatus* wird genutzt, um ein Material mit bestimmten Restriktionen zu belegen. Wenn beispielsweise ein Artikel nicht mehr verwendet werden soll, weil es eine Stücklistenänderung gegeben hat, können Sie mit diesem Status eine Sperre setzen, die die Beschaffung oder Produktion unterbindet. Wie der Name des Feldes bereits verdeutlicht, ist es werksübergreifend gültig. Es gibt zusätzlich aber auch noch einen *werksspezifischen Materialstatus*, der auf der Einkaufs- und Dispositionssicht gesetzt werden kann.

GÜLTIG AB

Diese Angabe gilt in Verbindung mit dem werksübergreifenden Materialstatus und legt fest, ab wann der gesetzte Status gültig sein soll. Im Standard ist der Materialstatus nur zusammen mit einem Gültigkeitsdatum pflegbar.

Beispiel zum werksübergreifenden Materialstatus

Die Alpha Dog Motorradwerke produzieren Motorräder für Kunden auf der ganzen Welt. Sie werden zentral geplant. Die Firma verfügt über 16 Fertigungs- und Montagewerke in Nordamerika und Europa. Die Qualität ist bei Alpha Dog hoch, aber jedes Motorradunternehmen muss damit rechnen, von Zeit zu Zeit einen Produktrückruf durchführen zu müssen. Der Rückrufprozess kann teuer sein, und Alpha Dog möchte die Höhe des entstehenden finanziellen Verlusts begrenzen. Die Geschäftsleitung drängt darauf, die Rückrufkosten zu senken. Deshalb muss ein Weg gefunden werden, die Produktion der zurückgerufenen Komponente sofort zu stoppen und so zu verhindern, dass in ihren Anlagen Artikel produziert werden, bei denen es sich möglicherweise um Ausschuss handelt.

Alpha Dog beschließt, den werksübergreifenden Materialstatus als Kontrollmittel zu nutzen. Man definiert im SAP-Customizing einen eigenen Status mit dem Titel »Produktrückruf«. Mit diesem Status kann der Leiter der Qualitätsabteilung die Arbeit an einem bestimmten zurückgerufenen Artikel in allen Werken auf der ganzen Welt sofort stoppen, indem er Beschaffungs-, Planungs- und Lagersperren innerhalb seines neuen Materialstatus festlegt. Sobald der Status gesetzt ist, kann der Artikel bis zur Aufhebung der Sperre nicht mehr in Produktions-, Bestell- oder Lagertransaktionen verwendet werden.

ALLG. POSTYPGRP

Die *allgemeine Positionstypengruppe* steuert bei der Kundenauftragserfassung, welcher *Positionstyp* dem betreffenden Material zugeordnet wird. Dieser könnte z. B. eine Normalposition *(NORM)*, Streckenposition *(BANS)* oder Leihgutposition *(LEIH)* sein. Ähnlich wie der werksübergreifende Materialstatus ist dieses Merkmal global gültig, kann allerdings in den Vertriebssichten auch auf Vertriebswegsebene gepflegt werden.

3.2.2 Materialberechtigungsgruppe

BERECHTIGUNGSGRUPPE

Dieses Feld ermöglicht den Zugriffsschutz für einzelne Objekte. Damit der Benutzer bestimmte Aktivitäten ausführen kann, muss er die Befugnis für die Kombination aus Berechtigungsgruppe und Aktivität haben. Während die hinterlegten Berechtigungen eines Benutzers steuern, welche Transaktionen er ausführen kann, ermöglicht die MATERIALBERECHTIGUNGSGRUPPE eine zusätzliche Einschränkung auf Materialnummernebene.

☛ Berechtigung für die Materialstammpflege

Für größere Betriebe mit vielen Benutzern empfiehlt es sich, eine solche Berechtigungsgruppe zu nutzen, damit nicht jeder die Stammdaten ändern kann. Vor allem Felder, die eine globale Auswirkung haben, sollten sehr sensibel behandelt und nur von bestimmten Personengruppen wie z. B. Key-Usern verwaltet bzw. gepflegt werden. Alternativ kann auch (außer in Retail-Systemen) die Materialfixierung verwendet werden.

3.2.3 Abmessungen/EAN

BRUTTOGEWICHT

Dieses globale Feld gibt an, welches Gewicht eine Einheit des Materials hat. Inbegriffen ist nicht nur das Eigengewicht, sondern auch das Gewicht der Verpackung, in der es gelagert und transportiert wird.

NETTOGEWICHT

Dies weist das reine Gewicht für eine Einheit eines Materials aus.

GEWICHTSEINHEIT

Um das Brutto- oder Nettogewicht pflegen zu können, müssen Sie eine entsprechende Gewichtseinheit (Gramm, Kilogramm, Tonnen etc.) auswählen.

> **Gewichte in der Anwendung**
>
> Sofern Sie ein Hochregallager und sehr schwere Artikel im Einsatz haben, können die Gewichte helfen, im Lagerverwaltungssystem (LVS) die richtigen Lagerplätze anzusteuern. Einige Regale sind vielleicht nur für bestimmte Maximalgewichte ausgelegt, daher kann die korrekte Pflege von Gewichten bei der sicheren Einlagerung hilfreich sein. Daneben wird das Gewicht auch für Transporte verwendet. In der Bestelloptimierung können Sie beispielsweise aus mehreren Bestellungen eine komplette Lkw-Ladung (z. B. 25 Tonnen) zusammenstellen.

VOLUMEN

Ähnlich wie das Bruttogewicht kann dieses Feld helfen, die Lagerkapazität oder das Transportvolumen zu berechnen. Der einzige Unterschied ist, dass die Ermittlung als Rauminhalt anstelle des Gewichts erfolgt.

VOLUMENEINHEIT

Hierbei handelt es sich um das Maß für die Volumeneinheit (Liter, Kubikmeter etc.).

GRÖSSE/ABMESSUNGEN

Ein Textfeld, das Sie beliebig verwenden können, um etwa die Größe oder Abmessungen des Materials festzuhalten. Die Eingabe hat rein informativen Charakter, d. h., der Wert wird vom System nicht verwendet.

EAN/UPC-CODE

Hier kann die *Europäische Artikelnummer (EAN)* oder, wie im Falle der USA, der *Universal Product Code (UPC)* hinterlegt werden. Der Code bezieht sich immer auf eine bestimmte Mengeneinheit oder Verpackungseinheit und wird in der Regel vom Hersteller des Materials vergeben. Dadurch lässt sich der Hersteller über die EAN eindeutig identifizieren.

EAN-TYP

Hier legen Sie fest, wie das System eine intern zu vergebende EAN ermittelt und welchen Prüfkriterien (Prüfziffern, Präfix etc.) die EAN dieses Typs genügen muss.

3.2.4 Wettbewerber

WETTBEWERBER

Hier hinterlegen Sie die Debitorennummer des Wettbewerbers. Für jeden Wettbewerber können Firmen- und Personaldaten sowie beliebig viele andere Wettbewerbsinformationen gespeichert werden. Anschließend lassen sich diese Daten einsetzen, um die eigenen Produkte den Wettbewerbsprodukten zuzuordnen und eine Vergleichbarkeit der Produkte auf verschiedenen Hierarchieebenen zu ermöglichen.

Im Standard wird dieser Bildbereich nur bei der Materialart *WETT* (Wettbewerberprodukt) zur Pflege angeboten.

3.2.5 Verpackungsmaterialdaten

MATERIALGRUPPE PM

Die *Materialgruppe Packmittel* gruppiert die Materialien, die ähnliche Verpackungen benötigen. Beispielsweise können Sie den Begriff *Flüs-*

sigkeiten verwenden und auf diese Weise alle Materialien gruppieren, die in flüssigkeitsgeeignete Packmittel verpackt werden müssen.

REFMAT PACKVORSCHR.

Referenzmaterial Packvorschriften betrifft identisch verpackbare Materialien. Wenn Sie hier ein Material eintragen, gilt dessen Packvorschrift auch für das aktuelle Material.

3.2.6 Zusatzdaten

Über den Button ZUSATZDATEN (siehe Abbildung 3.2) können Sie weitere Informationen wie Texte, alternative Mengeneinheiten oder Dokumentdaten hinterlegen (siehe Abbildung 3.3). Texte könnten sein: Kurztexte, Grunddatentexte, Prüftexte oder interne Vermerke.

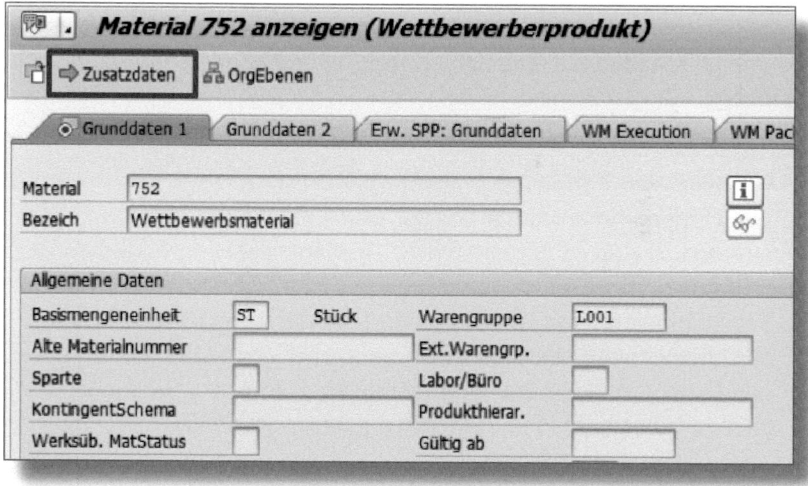

Abbildung 3.2: Absprung zu den Zusatzdaten

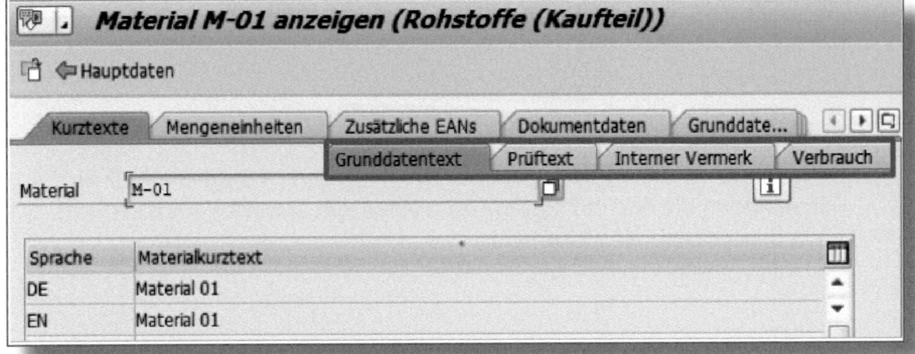

Abbildung 3.3: Sicht »Zusatzdaten«

KURZTEXTE

Der MATERIALKURZTEXT darf maximal 40 Zeichen umfassen. Sie müssen ihn in alle Sprachen übersetzen, in denen Sie Belege (z. B. Bestellungen) anlegen möchten. Ist ein Kurztext nicht in der Belegsprache gepflegt, erhalten Sie eine Fehlermeldung und können den Beleg nicht sichern.

Länge des Materialkurztextes

Wir werden immer wieder gefragt, ob es nicht möglich ist, das Feld auf mehr als die vorgegebenen 40 Zeichen zu erweitern. Und immer müssen wir die gleiche Antwort geben: Nein. Der Grund ist einfach: Der Materialkurztext ist der einzige Text, der über die Tabelle MAKT per Massenpflege bearbeitet werden kann. Auch sind alle Masken und Formulare auf die Standardlänge programmiert. Versuchen Sie es also lieber nicht, den Standard an dieser Stelle zu verändern.

MENGENEINHEITEN

Die Mengeneinheiten sind auch in SAP S/4HANA nicht benutzerfreundlicher geworden. Sie können nach wie vor nur ganzzahlige Umrechnungen mit Bezug zur Basismengeneinheit eintragen und nicht über 1 : 99.999 gehen. Es ist also nicht möglich, beispielsweise 1 KAR = 100.000 Stück zu erfassen. Auch eine hierarchische Umrechnung (10 St. = 1 KAR, 20 KAR = 1 PAL) ist nicht erlaubt.

ZUSÄTZLICHE EANS

Da es mehrere EAN-Typen gibt, können Sie hier alle weiteren entsprechenden Zuordnungen erfassen.

DOKUMENTDATEN

In diesem Register werden alle mit dem Material verknüpften Dokumente angezeigt.

GRUNDDATENTEXT

Wenn Ihnen der Materialkurztext, der maximal 40 Zeichen lang sein darf, zu kurz ist, können Sie hier einen Langtext in mehreren Sprachen pflegen. Dieser lässt sich mithilfe der Kopiersteuerung in Belege (z. B. Bestellungen) übernehmen

PRÜFTEXT

Der Prüftext ist eine minimalistische Art der Qualitätsprüfung. Wenn Sie hier einen Text erfassen, wird dieser beim Wareneingang auf dem Wareneingangsschein mit ausgedruckt, falls Sie beim Buchen die Druckversion *Einzelschein mit Prüftext* auswählen.

INTERNER VERMERK

Wie schon der Name sagt, ist dieser Text nur für interne Zwecke gedacht. Er kann aber trotzdem über die Kopiersteuerung in Belege (z. B. Bestellungen) übernommen werden.

VERBRAUCH

Wenn Sie die Zusatzdaten von einer Werkssicht aus aufrufen, werden Ihnen die Verbrauchswerte eines Materials angezeigt. Die Verbrauchswerte sind die Basis für die Materialprognose. Wenn Sie die Werte hier korrigieren, wird die Prognose mit den korrigierten Werten durchgeführt.

Weitere Felder in den Grunddaten

Ihr Bildschirm kann mehr oder weniger Felder und Segmente enthalten als hier beschrieben. Dies liegt an den Einstellungen zur Feldauswahl und an zusätzlich aktivierten Funktionen. Wenn über die Feldauswahl alle Felder eines Segments auf *Ausblenden* eingestellt sind, wird auch das gesamte Segment ausgeblendet. Ist bei Ihnen die Leergutverwaltung aktiviert, wird ein zusätzliches Segment für die Leergutverwaltung angezeigt, auf dem Sie die Strukturkategorie pflegen können. Diese dient z. B. bei Getränken dazu, automatisch Leergutpositionen (Kiste, Flaschen) zu Bestellungen hinzuzufügen.

3.3 Sicht »Grunddaten 2«

Die Sicht GRUNDDATEN 2 (siehe Abbildung 3.4) ist eine Fortsetzung der Sicht GRUNDDATEN 1. Sie ist in die folgenden Segmente unterteilt:

- SONSTIGE DATEN,
- UMWELT,
- SEGMENTIERUNGSDATEN,
- ZUGEORDNETE KONSTRUKTIONSDOKUMENTE,
- KONSTRUKTIONSZEICHNUNG und
- MANDANTENSPEZIFISCHE KONFIGURATION.

Das Segment SONSTIGE DATEN beinhaltet Informationen, die keiner anderen Kategorie zugeordnet werden konnten. Im Segment UMWELT sind Informationen zur Gefahrgutkennzeichnung hinterlegt. Die beiden Segmente darunter enthalten Informationen zu möglichen Zeichnungen des Produkts. Und schließlich werden im Segment MANDANTENSPEZIFISCHE KONFIGURATION Angaben zu den Konfigurationsvarianten gepflegt.

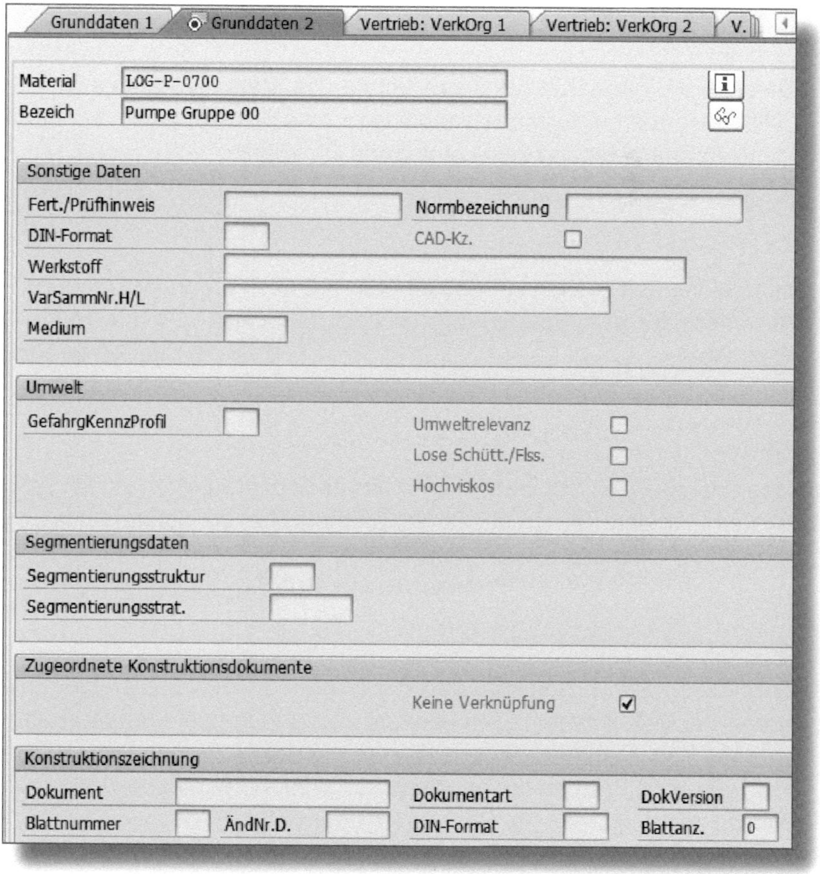

Abbildung 3.4: Sicht »Grunddaten 2«

3.3.1 Sonstige Daten

FERT.-/PRÜFHINWEIS

In diesem globalen Feld können Sie die Nummer/Bezeichnung eintragen, unter der Sie einen Fertigungs- oder Prüfhinweis für das Material abgelegt haben. Es ist ein Textfeld und kann frei verwendet werden.

NORMBEZEICHNUNG

Dieses Feld beinhaltet die Bezeichnung des Materials, wie es gemäß DIN oder anderen Normen genannt wird. Das Feld hat einen rein informativen Charakter und keine steuernde Funktion.

DIN-FORMAT

Hierbei handelt es sich um das DIN-Format des Fertigungs- oder Prüfhinweises für das Material. Es hat ebenfalls einen rein informativen Charakter.

CAD-KZ.

Das *CAD-Kennzeichen* weist darauf hin, dass das Objekt in einem CAD-System angelegt ist und der Datentransport über die Schnittstelle zwischen SAP- und CAD-System stattfindet.

WERKSTOFF

Dieses Segment bezeichnet den Werkstoff, aus dem das Material besteht. Bei Metallen wie z. B. Edelstahl wird anhand der Werkstoffnummer die Zusammensetzung der Legierung unterschieden. Hinter dem Feld liegt eine Prüftabelle. Das heißt, die Werkstoffe müssen im Customizing angelegt sein. Die Prüfung ist aber weich. Wenn Sie einen Eintrag vornehmen, der nicht in der Prüftabelle enthalten ist, wird lediglich eine Warnung ausgegeben. Sie können trotzdem sichern.

3.3.2 Umwelt

GEFAHRGKENNZPROFIL

Das *Gefahrgutkennzeichenprofil* dient der Steuerung gefahrgutrelevanter Anwendungen. Wenn Sie Gefahrgut in Ihrem Unternehmen haben oder sogar vertreiben, müssen Sie das Gefahrgutkennzeichenprofil pflegen. So teilen Sie dem System mit, welche Prüfungen in Bezug auf das Gefahrgut durchgeführt und welche Dokumente erstellt bzw. beigefügt werden müssen.

Gefahrgutstammsatz

Für Gefahrgut gibt es zusätzlich zum Materialstammsatz einen separaten Gefahrgutstammsatz. Dafür stehen die Transaktionen *DGP1* (anlegen), *DGP2* (ändern) und *DGP3* (anzeigen) zur Verfügung. Eine gemeinsame Pflege mit dem Materialstamm ist im Standard leider nicht möglich.

UMWELTRELEVANZ

Wenn dieses Kennzeichen gesetzt ist, weiß das System, dass es sich um ein umweltrelevantes Material handelt. Je nachdem wie Ihr System im Customizing eingestellt ist, können im Vertriebsprozess beispielsweise bestimmte Informationen, wie etwa Sicherheitsdatenblätter, direkt per System an den Empfänger gesendet werden, sobald eine Warenauslieferung an ihn angestoßen wird.

Beispiel: Nutzen Sie das Umweltrelevanz-Kennzeichen, um den Erfolg moderner Lieferketten voranzutreiben!

Ein wachsender Trend unter Supply-Chain-Experten besteht darin, sich auf das zu konzentrieren, was im Fachjargon als »Triple Bottom Line« bezeichnet wird. Die Triple Bottom Line (TBL) beschreibt die Konzentration eines Unternehmens auf drei Hauptfaktoren, die die Nachhaltigkeit vorantreiben: Wirtschaft, Soziales und Umwelt. Der Umweltaspekt von TBL umfasst häufig die Aufklärung der Pro-

> duktbenutzer darüber, wie sie die ihnen verkauften Artikel zurückgeben, wiederverwenden, reparieren oder recyceln können. Wenn Ihre Lösung eine Rücknahme zur Reparatur oder den Verkauf von Ersatzteilen an den Benutzer beinhaltet, kann es erhebliche finanzielle Vorteile haben, umweltfreundlich zu agieren. Wenn Sie daran interessiert sind, so etwas zu verfolgen, ist die Verwendung des Umweltrelevanz-Kennzeichens zur automatischen Verteilung der Rückgabe- oder Reparaturanweisungen eine nette Geste.

GEFAHRGUT VERPACKUNGSSTATUS

Beschreibt den gefahrgutrelevanten Verpackungszustand eines Materials.

LOSE SCHÜTT./FLSS.

Das Feld *Lose Schüttung/Flüssigkeit* steuert ebenfalls die automatische Ausgabe von gefahrgutrelevanten Dokumenten, sofern das SAP-Customizing entsprechend gepflegt ist. Mit Setzen dieses Kennzeichens teilen Sie auf den Gefahrgutdokumenten mit, dass das Produkt in flüssiger Form transportiert wird.

VERPACKUNGSCODE

Gibt den Code der Umschließung für gefährliche Güter an, bestehend aus Verpackungstyp und Werkstoff.

HOCHVISKOS

Ähnlich wie beim Kennzeichen »Lose Schüttung/Flüssigkeit« geben Sie mit diesem Feld an, dass es sich um einen flüssigen Stoff handelt, spezifizieren jedoch dessen Zustand als besonders viskos.

3.3.3 Segmentierungsdaten

In SAP S/4HANA ist die Business Function *LOG_SEGMENTATION* im Auslieferungszustand aktiv. Deshalb werden in den Grunddaten Segmentierungsdaten zur Pflege angeboten.

SEGMENTIERUNGSSTRUKTUR

Mit der Segmentierungsstruktur fassen Sie Ihre segmentierten Bestände zusammen. Wenn in der Segmentierungsstrategie neben der Qualitätsstufe beispielsweise auch noch die Herkunft (EU/Nicht-EU) als Kriterium verwendet wird, können Sie Kombinationen aus Qualitätsstufe und Herkunft festlegen (z. B. 1. Wahl/EU)

SEGMENTIERUNGSSTRAT.

Mit einer *Segmentierungsstrategie* segmentieren Sie den Bestand eines Material und ordnen ihn verschiedenen Prozessen zu. Sie könnten so den Bestand der höchsten Qualitätsstufe Kundenaufträgen zuordnen und den der niedrigsten Qualitätsstufe dem Werksverkauf. Die Segmentierung ist nur für chargenpflichtige Materialien möglich. Die Segmentierungsstrategien und -strukturen pflegen Sie mit der Transaktion *SGT_SETUP* im Anwendungsmenü.

3.3.4 Zugeordnete Konstruktionsdokumente

KEINE VERKNÜPFUNG

Dieses Kennzeichen setzen Sie, wenn dem Material entweder mehrere oder aber keine Konstruktionszeichnungen zugeordnet sind.

3.3.5 Konstruktionszeichnung

Diese Informationen können Sie pflegen, wenn Sie ein Dokumentenverwaltungssystem benutzen, das nicht mit SAP gekoppelt ist. Jedes dieser Felder hat einen rein informativen und keinen steuernden Charakter.

3.3.6 Mandatenspezifische Konfiguration

Dieser Bereich im Materialstamm wird verwendet, wenn Sie ein Produkt fertigen, das kundenspezifisch konfiguriert und zusammengebaut wird. SAP bezeichnet dieses als »konfigurierbares Material«. Unter einem solchen versteht man ein Produkt, dessen Eigenschaften variieren können und für dessen gesamte Varianten ein gemeinsamer Materialstamm existiert. So könnte es sein, dass ein Hemd in verschiedenen Farben und Größen produziert wird, es dafür aber nur eine Materialnummer gibt.

Es gibt *werksübergreifend konfigurierbare Materialien* und *werksspezifisch konfigurierbare Materialien*. Die nachfolgenden Felder steuern die werksübergreifende Materialkonfiguration.

WERKSÜBERG. KONF. MAT.

In diesem globalen Feld hinterlegen Sie die alphanumerische Materialnummer, die das konfigurierbare Material eindeutig identifiziert. Im Vergleich zu dem werksspezifisch konfigurierbaren Material ist das *werksübergreifend konfigurierbare Material* für alle Werke gültig.

MATERIAL IST KONFIGURIERBAR

Hierüber wird gesteuert, ob das Material konfigurierbar ist oder nicht. Mit Setzen dieses Kennzeichens aktivieren Sie das Material für die Konfiguration.

VARIANTE

Dieses Feld signalisiert, dass das jeweilige Material eine Variante eines anderen konfigurierbaren Materials ist.

Beispiel Automobilindustrie

Wenn Sie ein Auto bestellen, haben Sie eine schier unendliche Auswahl an Ausstattungsmerkmalen, die Sie mehr oder weniger frei miteinander kombinieren können. Deshalb ist es nicht sinnvoll, für jede denkbare Kombination einen eigenen Materialstamm anzulegen. Für den Export hingegen werden häufig Standardvarianten in größeren Stückzahlen produziert. Diese können daher einen eigenen Materialstamm haben.

3.4 Sicht »Klassifizierung«

In der Sicht KLASSIFIZIERUNG (siehe Abbildung 3.5) pflegen Sie die Klassenarten, die dem Material zugeordnet sind. In jeder Klassenart sind bestimmte Attribute sichtbar. Je nach Customizing Ihres Systems gibt es mehr oder weniger Klassenarten. Beispiele sind die *Materialklasse* und die *Chargenklasse*. Bei konfigurierbaren Materialien (Materialart KMAT) kommt die *Variantenklasse* zum Einsatz. Klasse und Klassenart lassen sich im Customizing der Materialart vorbelegen.

Beispiel Chargenklassifizierung

Molkerei Almglück verarbeitet Milch zu Käse, Butter und Joghurt. Nach der Abholung der Milch bei den Landwirten wird diese im Labor analysiert. Dabei werden Fett-, Eiweißgehalt und bakteriologische Beschaffenheit festgestellt. Jede Anlieferung entspricht einer Charge. Die Eigenschaften werden als Chargenmerkmale festgehalten. Anhand der ermittelten Werte können dann in der Produktion geeignete Chargen für die jeweiligen Produkte ausgesucht werden. In SAP wird dies mit der Chargenklassifizierung abgebildet. Die Chargeneigenschaften werden hierfür als Klassenmerkmale der Chargenklasse zugeordnet. Die Chargenklasse wird im Materialstamm der Milch zugeordnet.

Literaturtipp

Weitere Informationen zur Variantenkonfiguration finden Sie im Buch »Variantenkonfiguration in SAP S/4HANA« (Neumann/Schraad, Espresso Tutorials, 2021): *http://5512.espresso-tutorials.de*.

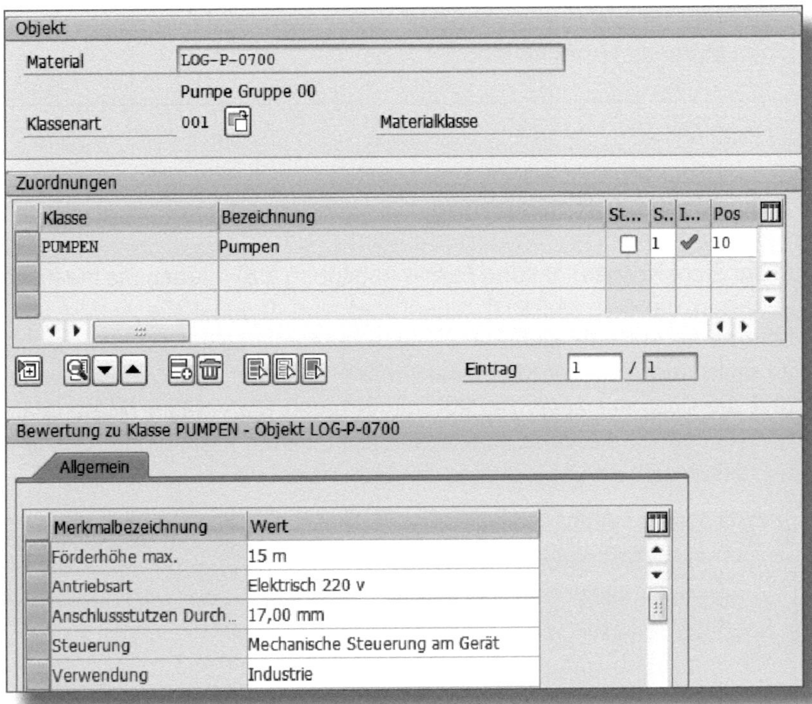

Abbildung 3.5: Sicht »Klassifizierung«

3.5 Persönliche Anmerkung

Gut gepflegte Stammdaten machen das Leben im operativen Tagesgeschäft leichter.

Es ist wichtig, dass die Felder korrekt gepflegt sind. Aus diesem Grund empfiehlt es sich bei größeren Unternehmen, die Pflege der Stammdaten einer zentralen Stelle zu überlassen, die gleichzeitig gewisse Vorgänge über Berechtigungsgruppen steuert.

4 Vertrieb

Wir betrachten in diesem Kapitel, welche Stammdaten für die zentralen Bereiche Verkauf und Versand an den Kunden relevant sind. Dabei werden wir Ihnen u. a. näherbringen, wie sich die Pflege der Vertriebsstammdaten auf die Materialressourcenplanung auswirkt und welche Felder bereits aus den zuvor gepflegten Grunddaten übernommen werden.

Ein Kundenauftrag, der im SAP-System erfasst wird, ist die Basis für die nachgelagerten Prozesse wie Beschaffung, Produktion und die gesamte Logistik. Immer die Kundenzufriedenheit im Fokus, möchten Sie natürlich dem Kunden das Produkt möglichst zu seinem gewünschten Liefertermin zur Verfügung stellen. Dieses Kapitel richtet sich daher vor allem an diejenigen Mitarbeiter eines Unternehmens, die Kundenaufträge erfassen oder für die vertriebsspezifischen Daten im Materialstamm zuständig sind.

4.1 Vertriebsbezogene Organisationsebenen im Materialstamm

Die Stammdaten des Vertriebs sind etwas anders aufgebaut als die sonstigen Funktionsbereiche. Sowohl global als auch lokal relevante Felder werden in den jeweiligen Organisationsebenen gepflegt. Diese setzen sich zusammen aus WERK, VERKAUFSORG. und VERTRIEBSWEG. Sie ermöglichen es damit, die Produkte bestimmten Verkaufsorganisationen zuzuordnen und deren Vertriebsweg zu bestimmen. Daher werden Sie bei der Pflege der Vertriebsstammdaten immer auf das nachfolgend gezeigte Bild stoßen – egal, welche der Vertriebssichten Sie öffnen (siehe Abbildung 4.1). Sie müssen dem System stets mitteilen, für welche Organisationsebene die Änderungen vorgenommen werden sollen.

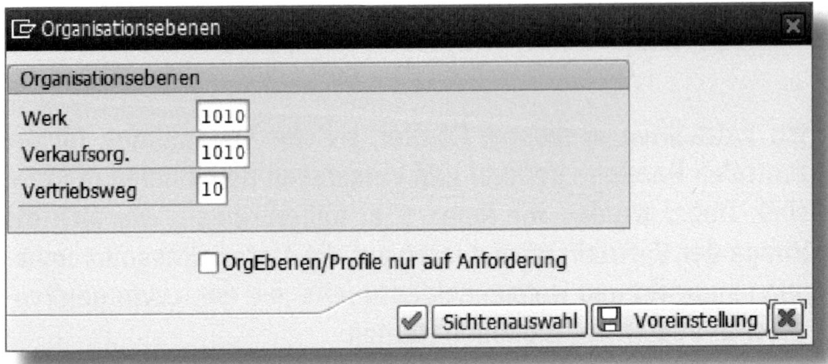

Abbildung 4.1: Organisationsebenen

Es gibt fünf Sichten im Materialstamm, die für die Vertriebsaktivitäten relevant sind:

- Verkaufsorganisation 1,
- Verkaufsorganisation 2,
- Vertrieb: Allgemein/Werk,
- International Trade: Export und
- Vertriebstext.

4.2 Sicht »Verkaufsorganisation 1«

Die Sicht VERKORG 1 (siehe Abbildung 4.2) besteht aus den drei Segmenten

- ALLGEMEINE DATEN,
- STEUERDATEN und
- MENGENVEREINBARUNGEN.

Die in diesen Segmenten gepflegten Daten helfen Ihnen, die Vertriebsfähigkeit auf den jeweiligen Organisationsebenen zu erreichen, die Steuerermittlung zu automatisieren und vereinbarte Vertriebsmengen zu berücksichtigen.

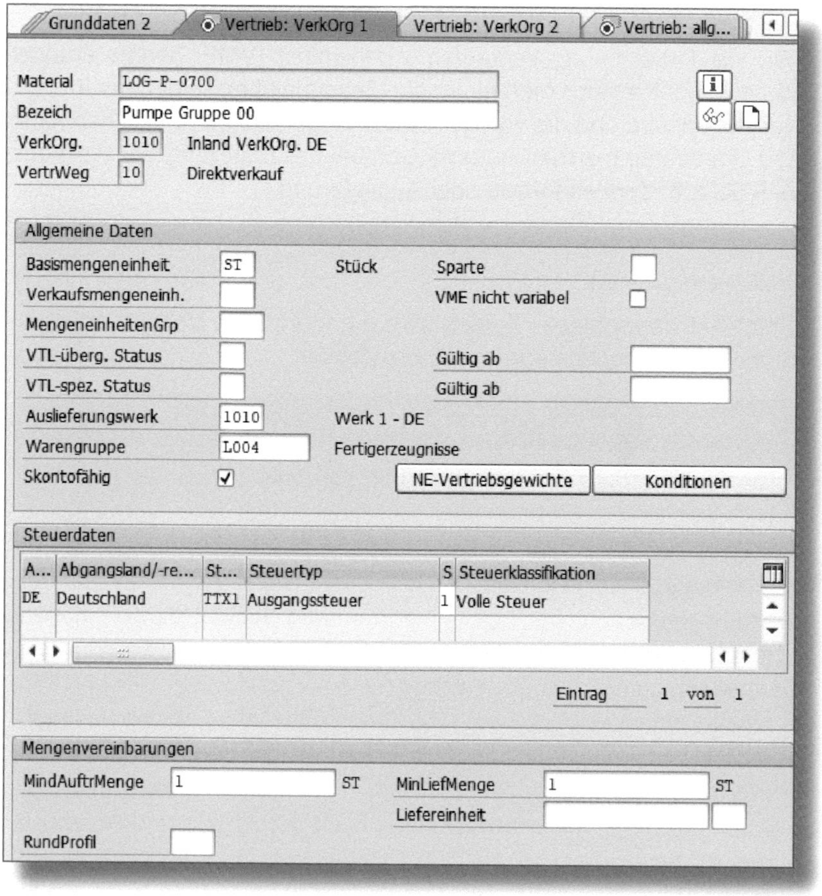

Abbildung 4.2: Sicht »VerkOrg 1«

4.2.1 Allgemeine Daten

Dieses Segment der Materialstammdaten in der Sicht VERKORG 1 beinhaltet Felder, die wir bereits aus den Grunddaten kennen, wie die BASISMENGENEINHEIT, SPARTE und WARENGRUPPE (siehe Abschnitt 3.2.1 für eine detaillierte Erklärung). Darüber hinaus besteht hier u. a. die Möglichkeit, einen Artikel mit dem Merkmal SKONTOFÄHIG zu kennzeichnen. Weitere Felder sind:

VERKAUFSMENGENEINH.

Wie die Bezeichnung *Verkaufsmengeneinheit* (VME) bereits erahnen lässt, handelt es sich hierbei um die Mengeneinheit, in der das Produkt vertrieben wird und die von der Basismengeneinheit abweichen kann. Die Umrechnung erfolgt automatisch bei der Erstellung der Vertriebsbelege, z. B. Kundenauftrag oder Auslieferung.

VME NICHT VARIABEL

Beim Aktivieren dieses Feldes wird die alternative Verkaufsmengeneinheit in Vertriebsbelegen nicht zugelassen.

Beispiel Verkaufsmengeneinheit

Die Green Leaves Tea Company füllt spezielle Eistees für zwei Vertriebskanäle ab. Eine Art des Vertriebs erfolgt über Vertriebsmitarbeiter der Green Leaves Tea Company, die den Eistee kistenweise erhalten und einzelne Flaschen Eistee aus einem Kühlwagen auf der Straße verkaufen. Der zweite Vertriebsweg besteht darin, Paletten mit Flaschenkisten an Großhändler zu verkaufen. Das Ergebnis ist ein günstigerer Preis pro Flasche für den Großhändler, der den Tee palettenweise kauft. Obwohl die Green Leaves Tea Company ihren Mitarbeitern mitgeteilt hat, dass Kisten an die Vertriebsmitarbeiter des Unternehmens und Paletten an den Großhändler verkauft werden sollten, wurden diese Anweisungen nicht befolgt. Controller fanden heraus, dass Vertriebsmitarbeiter Paletten mit Flaschenkisten bestellt haben, um den ermäßigten Preis zu erhalten, und umgekehrt Großhändler einzelne Kisten, um eine kleinere Menge einer Geschmacksrichtung zu erhalten, die sich nicht schnell verkauft. Glücklicherweise ist dieses Problem ohne Weiteres durch die Materialstammpflege gelöst worden. Die Green Leaves Tea Company beschließt, die Verkaufsmengeneinheit »Kiste« *(KI)* dem Vertriebsweg *Direktverkauf* und die Verkaufsmengeneinheit »Palette« *(PAL)* dem Vertriebsbereich *Großhandel* zuzuordnen. In jedem der Vertriebsbereiche wählt das Unternehmen das Kennzeichen *VME nicht variabel*. Diese Aktivität, kombiniert mit Berechtigungseinschränkungen bei der Materialstammpflege, verhindert effektiv die unerwünschte Verteilung.

MENGENEINHEITENGRP

Mithilfe der *Mengeneinheitengruppe* können Sie die für einen bestimmten Empfänger erlaubten Mengeneinheiten eines Materials definieren. Dies ist beim Runden mit dynamischen Rundungsprofilen von Bedeutung, falls hier PRÜFEN KUNDE markiert ist. In diesem Fall werden beim Runden nur solche Mengeneinheiten berücksichtigt, die auch in der Mengeneinheitengruppe definiert sind.

VTL-ÜBERG. STATUS

Wie die Bezeichnung bereits vermuten lässt, schränkt der *vertriebslinienübergreifende Materialstatus* die Verwendung des Materials für alle Vertriebsbereiche ein. Er bewirkt, dass während einer bestimmten Aktion, wie z. B. einer Kundenauftragsanlage, vom System ein Hinweis, eine Warnung oder eine Fehlermeldung ausgegeben wird. Das könnte etwa der Fall sein, wenn es sich um einen Auslaufartikel handelt, der nicht mehr produziert und somit nicht mehr vertrieben werden kann.

VTL-SPEZ. STATUS

Während der vertriebslinienübergreifende Materialstatus unabhängig von der Organisationsebene gültig ist, steuert der *vertriebslinienspezifische Materialstatus* die Eigenschaften in der speziellen Organisationsebene. Der Status schränkt die Verwendbarkeit des Materials für eine einzelne Vertriebslinie ein und erzeugt ebenfalls einen Hinweis, eine Warnung oder eine Fehlermeldung. Dieses Vorgehen kann z. B. angewandt werden, wenn ein Artikel im relevanten Vertriebsbereich nicht mehr lieferbar ist.

☛ Nutzung des vertriebslinienspezifischen Materialstatus als Kennzeichnung von Neuprodukten

Wenn Sie in einem produzierenden Unternehmen tätig sind, das neue Produkte entwickelt und vertreibt, können Sie mittels des vertriebslinienspezifischen Materialstatus die Freigabe eines Neuprodukts steuern. Um also zu vermeiden, dass der Kunde ein »unreifes« Produkt erhält, verhindern Sie mithilfe dieses Feldes, dass in diesem Stadium ein Kundenauftrag erfasst wird. Im SAP-Customizing können die gewünschten Kombinationen bzw. Schlüssel gepflegt und deren Meldungsart (Hinweis, Warnung oder Fehlermeldung) bestimmt werden. Fehlermeldungen führen zu einem direkten Abbruch bei Auftragsanlage, wohingegen Hinweise lediglich darauf aufmerksam machen, dass sich ein Produkt im Prototypenstatus befindet.

Für Fortgeschrittene: Mit dem vertriebslinienspezifischen Materialstatus Überbuchungen vermeiden

Produktionsstörungen führen häufig zu Verzögerungen bei der Lieferung. Die Kosten dieser Verzögerungen summieren sich, wenn man möglichen Verlust von Kunden berücksichtigt oder die Kosten für Überstunden, um wieder den Zeitplan einzuhalten. Der Lieferrückstand kann schnell wachsen, insbesondere wenn Vertriebsteams Provisionen erhalten. Warum sollte sich der Verkäufer darum kümmern, ob die Produktion der Nachfrage entspricht? Ihre Bezahlung basiert auf möglichst vielen Verkäufen.

Um eine Kapazitätsüberlastung durch einen Verkäufer zu verhindern, können Sie den vertriebslinienspezifischen Materialstatus nutzen und die Eingabe neuer Verkäufe sperren, bis wieder ausreichend Kapazität verfügbar ist. Sprechen Sie darüber hinaus die Materialien, die durch den vertriebslinienspezifischen Materialstatus gesperrt sind, in Ihren Vertriebs- und Produktionsbesprechungen an, und verlagern Sie den Schwerpunkt auf Artikel, die durch Kapazitätserhöhung oder andere Maßnahmen das Potenzial für mehr Umsatz haben.

GÜLTIG AB

Sowohl beim vertriebslinienübergreifenden als auch beim vertriebslinienspezifischen Materialstatus steuern Sie hierüber, ab wann dieser Status gültig ist.

AUSLIEFERUNGSWERK

Wenn Sie hier ein Werk eingeben, wird dieses in Kundenaufträgen für den relevanten Vertriebsbereich vorgeschlagen. Alternativ kann der Vorschlagswert auch im Kundenstammsatz des Warenempfängers hinterlegt werden. Ist an beiden Stellen kein Vorschlagswert gepflegt, müssen Sie das Auslieferungswerk im Kundenauftrag manuell eintragen.

WARENGRUPPE

Wie bereits in Abschnitt 3.2.1 erläutert, wird die Warengruppe verwendet, um mehrere Materialien oder Dienstleistungen mit den gleichen Eigenschaften zusammenzufassen.

SKONTOFÄHIG

Dieses Kennzeichen gibt an, ob für das Material generell Skonto gewährt wird.

KONDITIONEN

Über diese Schaltfläche kommen Sie zur Pflege der Verkaufspreise für das Material im relevanten Vertriebsbereich.

4.2.2 Steuerdaten

In diesem Segment pflegen Sie die für Ihre Organisation relevanten STEUERDATEN. Hierfür steht Ihnen die Kombination aus ABGANGSLAND/-REGION, STEUERTYP und STEUERKLASSIFIKATION zur Verfügung. Das Steuerkennzeichen in den Vertriebsbelegen wird dann anhand dieser Werte mithilfe der Konditionstechnik ermittelt.

Beispiel Steuerfindung

Maschinenfabrikant Beierle produziert in Deutschland (Abgangsland *DE*). Maschinen unterliegen dem vollen Steuersatz (Steuerklassifikation *1*). Wird nun eine Maschine an einen Kunden in Deutschland verkauft, ermittelt das System den aktuellen Steuersatz (2023: 19 %) und übernimmt ihn in die Vertriebsbelege.

4.2.3 Mengenvereinbarungen

MINDAUFTRMENGE

Die *Mindestauftragsmenge* in der BASISMENGENEINHEIT steuert die Mindestbestellmenge, die der Kunde bei Erteilung eines Auftrags nicht unterschreiten darf. Das System berücksichtigt den Eintrag in diesem Feld und rundet die angegebene Menge bei der Kundenauftragsanlage automatisch auf, sofern diese unter der Mindestauftragsmenge liegt. Der Eintrag berücksichtigt ebenfalls die in den Grunddaten 1 gepflegte Basismengeneinheit (siehe Abschnitt 3.2.1).

MINLIEFMENGE

Dieses Feld steuert die *Mindestliefermenge*, also die Menge, die bei der Auslieferung mindestens versendet werden soll. Es ist hilfreich, wenn Sie einen größeren Auftrag mit Teillieferungen bedienen möchten, der Kunde jedoch nicht zu viele Teillieferungen akzeptiert.

LIEFEREINHEIT

Das Feld gibt eine Menge an, die Sie beim Versand nicht weiter unterteilen möchten – d. h., bei jedem Kundenauftrag wird immer ein Vielfaches dieser Menge versandt. Wenn hier beispielsweise der Wert *20* gepflegt ist, werden bei der Lieferscheinerstellung ausschließlich die Mengen 20, 40, 60 etc. verwendet und beispielsweise bei einer Bestellmenge von 75 Stück auf 80 Stück aufgerundet. Die Liefereinheit könnte z. B. die Menge sein, die sich auf einer Palette befindet.

RUNDUNGSPROFIL

Das Rundungsprofil bietet eine noch umfangreichere Möglichkeit, die Bestell- bzw. Liefermengen zu beeinflussen. Während Mindestauftragsmenge und Mindestliefermenge auf festen Werten basieren, kann das Rundungsprofil genutzt werden, um ab einem bestimmten Schwellenwert z. B. ein Vielfaches von zwei Stück oder ein Vielfaches von zwölf Stück als Menge zu übernehmen.

Beispiel Rundungsprofil

Getränkehändler Durstig verkauft Limonade entweder in Kisten (1 Kiste = 20 Flaschen) oder auf Paletten (1 Palette = 16 Kisten). Die Kunden sollen maximal vier Kisten einzeln bestellen, ansonsten müssen ganze Paletten abgenommen werden. Die Mindestabnahme ist eine Kiste. Als Rundungsprofil wird hinterlegt, dass ab der ersten Flasche auf 20 aufgerundet werden soll, ab 81 Flaschen auf 320. Dies ergibt folgende Rundung:

- Bestellmenge 1 bis 20: 20
- Bestellmenge 21 bis 40: 40
- Bestellmenge 41 bis 60: 60
- Bestellmenge 61 bis 80: 80
- Bestellmenge 81 bis 320: 320
- Bestellmenge 321 bis 340: 340

Ab 401 wird auf 640 aufgerundet usw.

4.3 Sicht »Verkaufsorganisation 2«

Dieser Bereich der Materialstammdaten (siehe Abbildung 4.3) beinhaltet die Segmente

- GRUPPIERUNGSBEGRIFFE,
- MATERIALGRUPPEN und
- PRODUKTATTRIBUTE.

Die Felder steuern u. a., welche POSITIONSTYPENGRUPPE im Kundenauftrag für die Ermittlung des Positionstyps herangezogen wird, und bieten Ihnen die Möglichkeit, gewisse Produktattribute anzugeben. Darüber hinaus kann in diesem Bereich die im Markt kommunizierte Lieferzeit hinterlegt werden.

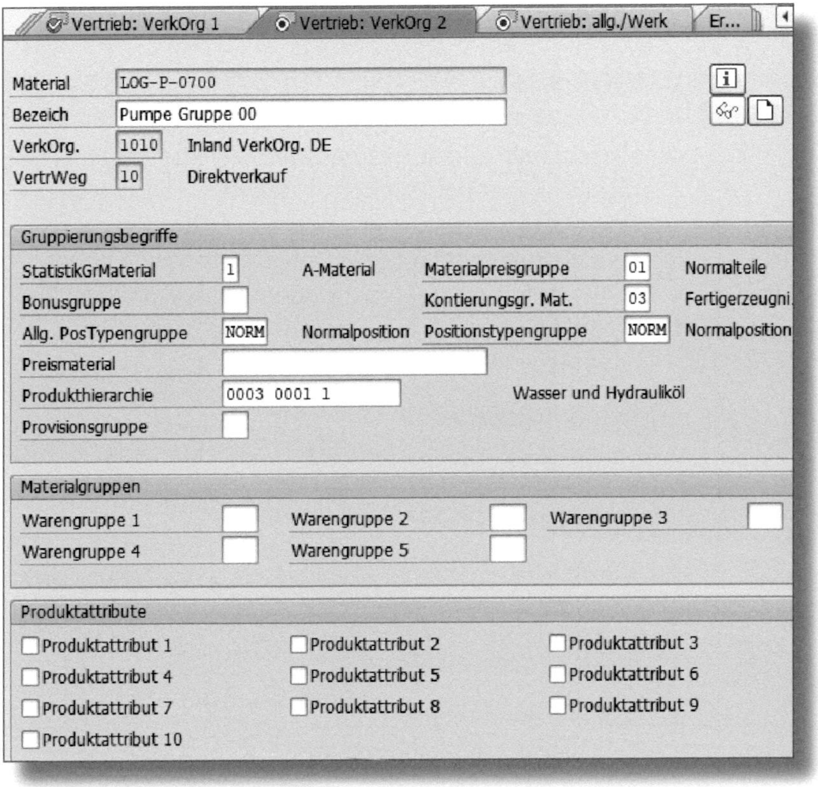

Abbildung 4.3: Sicht »VerkOrg 2«

4.3.1 Gruppierungsbegriffe

STATISTIKGRMATERIAL

Das *Statistik-Grundmaterial* dient zur Datenfortschreibung für Analysen im Logistikinformationssystem, wenn ein Material verkauft wird.

Die Statistikgruppen können Sie den Kategorien Positionstyp, Verkaufsbelegart, Material und Kunde zuordnen.

Beispiel Statistikfortschreibung

Buchgroßhändler Lera möchte in Auswertungen eine Unterteilung nach Romanen, Sachbüchern, Ratgebern und weiteren Genres erreichen. Daher legt er für jedes Genre eine Statistikgruppe an und ordnet diese dann den Materialien (Büchern) zu. In Auswertungen des Logistikinformationssystems kann er nun nach Statistikgruppe filtern, summieren oder sortieren.

Analysen in SAP S/4HANA

In SAP S/4HANA können Sie weiterhin die klassischen Analysen aufrufen. Mit *Embedded Analytics* stehen aber viele Fiori-Apps zur Verfügung, die in Echtzeit Analysen erstellen.

MATERIALGRUPPEN

Diese ermöglichen die Gruppierung von Materialien, für die dieselben Konditionen gelten sollen. Auf folgenden Ebenen können Sie Konditionssätze pflegen:

- *Materialpreisgruppe* (z. B. Laborwagen),
- Kombination aus *Kunde & Materialpreisgruppe* (z. B. Laborwagen für Universitäten),
- Kombination aus *Kundenpreisgruppe & Materialpreisgruppe* (z. B. alle Großhandelskunden und alle Laborwagen).

Sie legen die Konditionssätze mit der Transaktion *VK31* an und tragen hier den entsprechenden Schlüssel ein.

BONUSGRUPPE

Wenn Sie verschiedene Arten von Rabatten anbieten, können Sie diese einer Bonusgruppe zuordnen. Die Bonusgruppe können Sie auch im Konditionskontrakt verwenden, der in SAP S/4HANA die klassische Kundenabsprache ersetzt.

KONTIERUNGSGR. MAT.

Die *Kontierungsgruppe Material* dient der Zuordnung eines Materials zu einem Erlös- bzw. Erlösschmälerungskonto, wenn das Material fakturiert wird.

ALLG. POSTYPENGRUPPE

Die *allgemeine Positionstypengruppe* steuert bei der Kundenauftragserfassung, welcher Positionstyp dem jeweiligen Material zugeordnet wird. Dies könnte z. B. eine Normalposition *(NORM)*, Streckenposition *(BANS)* oder Leihgutposition *(LEIH)* sein. Ähnlich wie der werksübergreifende Materialstatus ist das Feld global gültig (Tabelle MARA), kann allerdings in den Vertriebssichten auch auf Werksebene gepflegt werden.

POSITIONSTYPENGRUPPE

Dieses Feld ist identisch mit der allgemeinen Positionstypengruppe, außer dass es nur für den jeweiligen Vertriebsbereich und nicht vertriebsbereichsübergreifend gültig ist (Tabelle MVKE).

Sie können dieses Feld nutzen, um den Positionstyp im Kundenauftrag zu ermitteln, wenn ein Kundenauftrag in diesem Vertriebsbereich angelegt wird. Es könnte beispielsweise sein, dass Sie die Kundenaufträge im Vertriebsbereich X erfassen, das Produkt allerdings im Vertriebsbereich Y gefertigt und ausgeliefert wird. Dafür können Sie z. B. die Positionstypengruppe *BANS* verwenden und dem System mitteilen, dass es sich dabei um eine Streckenposition handelt.

PREISMATERIAL

Wenn Sie in diesem Feld ein Referenzmaterial angeben, verwendet das System dieses als Vorlage für die Preisfindung. Dies ist dann hilfreich, wenn Sie für zwei Produkte identische Preiskonditionen verwenden, aber nicht für jedes die Preiskonditionen einzeln pflegen möchten. Das Preismaterial kann jederzeit geändert oder wieder gelöscht werden.

Beispiel Preismaterial

Die Schokoladenfabrik Helbig hat 15 verschiedene Schokoladentafeln im Sortiment, die alle zu den gleichen Konditionen an die Kunden verkauft werden. Anstatt für jedes Material die gleichen Konditionen zu pflegen, werden diese nur für das als Preismaterial gekennzeichnete Produkt gepflegt. Alle anderen 14 Sorten referenzieren auf dieses Preismaterial.

PRODUKTHIERARCHIE

Wie bereits in Abschnitt 3.2.1 beschrieben, ermöglicht dieses Feld, Produkte zu einer Produktstruktur hinzuzufügen. Sie könnten z. B. alle weißen T-Shirts der Größe S und ohne Aufdruck in einer Produkthierarchie zusammenfassen, um die Preisfindung zu vereinfachen. Die Produkthierarchie erlaubt drei Stufen.

PROVISIONSGRUPPE

Sie können Materialien einer Provisionsgruppe zuordnen, wenn jeder Vertreter, der diese Materialien vertreibt, für alle Materialien der Gruppe den gleichen Provisionssatz erhält. Die Provisionssätze für die einzelnen Vertreter können jedoch voneinander abweichen, wie Tabelle 4.1 gezeigt.

Artikel	Vertreter A	Vertreter B	Vertreter C
A-801	2 %	4 %	3 %
A-802	2 %	4 %	3 %
A-803	2 %	4 %	3 %

Tabelle 4.1: Provisionssätze – Beispiel

4.3.2 Materialgruppen

Materialgruppen werden im Standardsystem nicht genutzt, stehen Ihnen aber bei der Pflege des Materialstamms zur freien Verfügung und können hier z. B. zu Auswertungszwecken eingesetzt werden – etwa für die zum Markt kommunizierte Lieferzeit oder die Servicezeit. Diese Felder haben keine steuernden Funktionen und dienen somit nur zu Informationszwecken. Sie finden die Felder beispielsweise in der »Flexiblen Umsatzanalyse« (Fiori-App-ID F1250).

4.3.3 Produktattribute

Mit den Feldern im Bereich Produktattribute können Sie bestimmte Charakteristika eines Materials kennzeichnen. Sie vertreiben z. B. ein Produkt, das bei der Auslieferung eine Batterie enthält, aber nicht jeder Kunde akzeptiert eine Batterie bei der Lieferung. In diesem Fall würden Sie im Kundenstammsatz die Attribute ebenfalls pflegen, damit das System bei der Kundenauftragserfassung prüfen kann, ob gewisse Attribute, wie etwa die Auslieferung mit Batterie, erlaubt sind. Die Vertriebsbelegart steuert dann, wie das System reagiert, wenn ein Kunde ein Produktattribut nicht akzeptiert. Die Feldbezeichnung der Produktattributfelder kann nur per Modifikation geändert werden.

4.4 Sicht »Vertrieb: allg./Werk«

Die Sicht Vertrieb: allg./Werk (siehe Abbildung 4.4) enthält die folgenden Segmente:

- Allgemeine Daten,
- Versanddaten (Zeit in Tagen),
- Verpackungsmaterial-Daten und
- Allg.Werksparameter.

Die Felder der vier Segmente dienen dazu, die abschließenden Logistik- und Versandprozesse zu steuern.

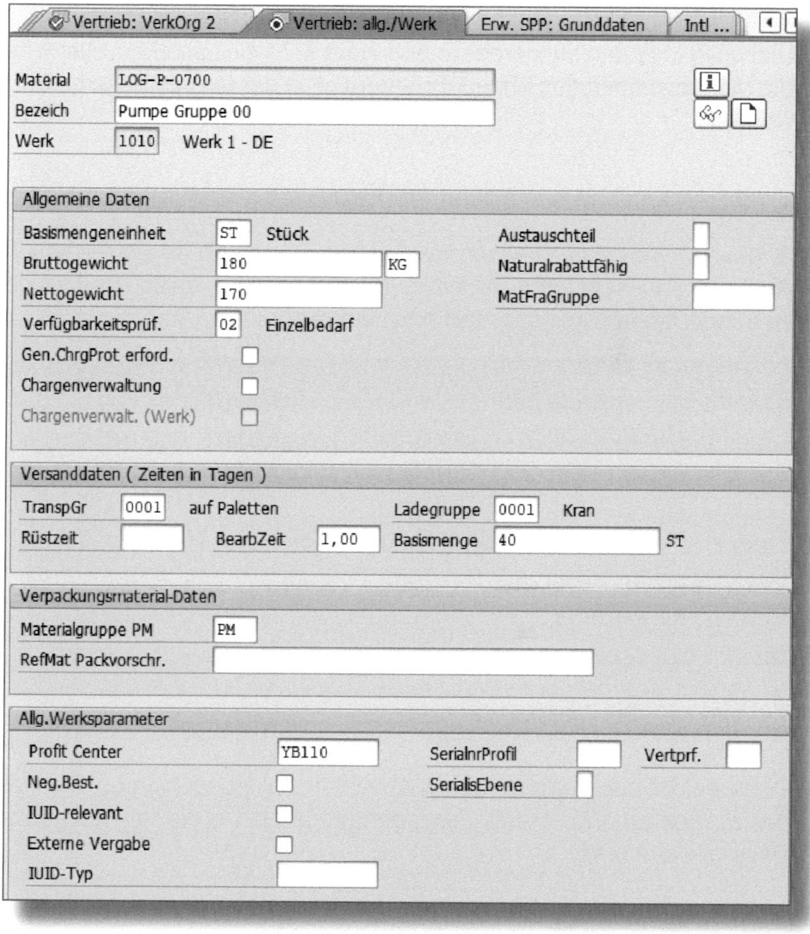

Abbildung 4.4: Sicht »Vertrieb: allg./Werk«

4.4.1 Allgemeine Daten

BASISMENGENEINHEIT

Dieses Feld finden Sie bereits in Abschnitt 3.2.1 beschrieben. Hier wird die Mengeneinheit des Materials hinterlegt, in der die Bestände geführt werden.

AUSTAUSCHTEIL

In diesem werksspezifischen Feld geben Sie an, ob das Material ein Austauschteil sein **kann** *(A)*, ein Austauschteil sein **muss** *(B)* oder ob es **kein** Austauschteil sein darf (kein Eintrag).

Austauschteil

Austauschteile spielen in der Kfz-Branche eine Rolle. Wenn Sie einen Motorschaden haben, kann Ihnen die Werkstatt einen Austauschmotor einbauen, also einen Motor aus einem anderen Fahrzeug, das z. B. einen Unfall hatte. In diesem Fall muss in der Fakturierung der spezielle Steuersatz von zehn Prozent auf das Austauschteil berechnet werden.

BRUTTOGEWICHT und NETTOGEWICHT

Diese Felder haben wir bereits in Abschnitt 3.2.3 beschrieben. Die Felder wurden an dieser Stelle hinzugefügt, da sie für die Versandaktivitäten relevant sind.

NATURALRABATTFÄHIG

Mit diesem Kennzeichen lassen Sie Naturalrabatte (Draufgabe oder Dreingabe) für ein Material zu. Die Art und Höhe des Naturalrabatts wird über die Konditionstechnik festgelegt.

MATFRAGRUPPE

Die *Materialfrachtgruppe* dient der Gruppierung von Materialien zum Zwecke der Klassifizierung nach Güterarten und Güterklassen. Diese werden für die Ermittlung der Frachtkosten und bei der Kommunikation mit dem Logistikdienstleister benötigt. Die Findung der Güterart wird dabei mithilfe der Material-Frachtgruppe und des Güterverzeichnisses durchgeführt. Alle Findungsschritte werden im Customizing eingestellt.

VERFÜGBARKEITSPRÜF.

Die *Verfügbarkeitsprüfung* steuert, wie die Bedarfe bei der Materialbedarfsplanung (engl.: *Material Requirements Planning, MRP*) im System geprüft und wie neue Beschaffungsvorschläge generiert werden. Die Materialverfügbarkeitsprüfung ist eines der komplexesten Themen im SAP-System. Im Customizing der Verfügbarkeitsprüfung wird u. a. angegeben, welche Elemente bei der Prüfung berücksichtigt werden. Beispielsweise soll das System bei der Verfügbarkeitsprüfung lediglich freigegebene Fertigungsaufträge berücksichtigen. Darüber hinaus soll es andere Zugänge wie Bestellungen ignorieren. Oder aber die Sicherheitsbestände sollen mitverrechnet werden, wenn ein Kundenauftrag erstellt wird und die Verfügbarkeitsprüfung einen Liefertermin ermittelt.

Diese und noch viele weitere Kriterien können im Customizing der Verfügbarkeitsprüfung eingestellt werden.

Die aktuelle Verfügbarkeit eines Materials können Sie mit der Transaktion *CO09* oder den Fiori-Apps für die Materialdeckung sehen.

GEN. CHRGPROT. ERFORD.

Wenn Sie ein Produkt herstellen, das chargengeführt ist, steuert das Feld *Genehmigtes Chargenprotokoll erforderlich*, welche Aktivitäten zu einer Charge erst ausgeführt werden können, wenn das zugehörige Chargenprotokoll genehmigt ist. Beispielsweise würde das System Lagerzugangsbuchungen oder Umbuchungen nicht zulassen, solange kein Verwendungsentscheid zu einem Prüflos der zugehörigen Charge erfolgt ist.

CHARGENVERWALTUNG

Dieses Kennzeichen gibt an, ob das Produkt chargenpflichtig ist oder nicht. Sie können es im Materialstamm manuell setzen. Solange Bestände in der laufenden Periode oder in der Vorperiode vorhanden sind, ist das Kennzeichen nicht mehr änderbar.

CHARGENVERWALT. (WERK)

Dieses Kennzeichen ist nur in Verbindung mit einer Chargeneinzelbewertung relevant. Je nach Customizing-Einstellung kann es manuell gepflegt werden, oder es wird automatisch vom System gesetzt und ist nicht manuell änderbar.

4.4.2 Versanddaten

TRANSPGR

Wenn Sie Produkte haben, die aufgrund ihrer Eigenschaft dieselben Anforderungen hinsichtlich der Routenermittlung und des Transports haben, beispielsweise in einem Kühlwagen zu befördernde verderbliche Ware, können Sie diese zu einer *Transportgruppe* zusammenfassen. Das wird bei der automatischen Routenermittlung während der Kundenauftragserfassung berücksichtigt.

LADEGRUPPE

Mit diesem Schlüssel können Sie die Materialien gruppieren, für die die gleichen Anforderungen bei der Verladung gelten, wie z. B. die Verladung mit einem Gabelstapler oder der Versand an derselben Laderampe. Anhand der Ladegruppe, dem Auslieferwerk und der Versandbedingung ermittelt das System automatisch die Versandstelle für eine Vertriebsbelegposition. Ladegruppen werden im Customizing angelegt.

RÜSTZEIT

Sie bezeichnet die Zeit für das Rüsten der Arbeitsplätze, die zum Versand des Materials benötigt wird. Dies könnte z. B. das Vorbereiten eines Gabelstaplers sein, mit dem das Material verladen wird. Diese Zeit ist mengenunabhängig.

BEARBZEIT

Die *Bearbeitungszeit* bezeichnet die Zeit, die für die Bearbeitung einer bestimmten Menge eines bestimmten Materials im Versand, z. B. für die Ladung des Produkts auf einen Lkw, benötigt wird. Sie ist mengenabhängig und dient zur Kapazitätsplanung im Versand, jedoch nicht zur Versandterminierung.

BASISMENGE

Menge, auf die sich die Bearbeitungszeit im Versand bezieht. Sie wird mit Bezug zur Basismengeneinheit (siehe Abschnitt 3.2.1) gemessen.

☛ Kommunikation mit der Versandabteilung ist unerlässlich

Es ist ratsam, bei Vertriebs- und Produktionsbesprechungen einen Vertreter aus jedem Funktionsbereich einzubeziehen. Der Versand ist eine Abteilung, die oft übersehen wird. Manche betrachten die Versandtätigkeit als eine Nebenfunktion, die nicht viel Planung erfordert. Wie Sie in diesem Kapitel gesehen haben, ist der Versand im Hinblick auf Verkauf und Vertrieb viel mehr als nur das Verladen einer Kiste auf einen Lkw. Für ein komplexes Vertriebsnetz kann eine intensive Planung erforderlich sein. Auch die zur Fertigstellung einer Sendung erforderlichen Tätigkeiten können einen erheblichen Zeit- und Kostenanteil ausmachen. Es ist daher empfehlenswert, dass diejenigen, die den Absatz planen, mit dem Versand kommunizieren und von dort Feedback erhalten. Ohne ein fundiertes gegenseitiges Verständnis des SAP-Versandprozesses ist es schwer, Versandfunktionen zu automatisieren.

4.4.3 Verpackungsmaterial-Daten

Diese Felder zu den VERPACKUNGSMATERIAL-DATEN sind bereits im Abschnitt 3.2.5 beschrieben.

4.4.4 Allgemeine Werksparameter

PROFITCENTER

Mit der Zuordnung zu einem Profitcenter geben Sie an, welchem internen Bereich des Rechnungswesens dieses Produkt im betreffenden Werk zugeordnet wird. Profitcenter können beispielsweise nach geografischen Gesichtspunkten oder nach Produktgruppen definiert sein.

SERIALNRPROFIL

Wenn Sie Produkte herstellen, die serialisiert sind, können Sie an dieser Stelle ein *Serialnummernprofil* eintragen. Dieses steuert, welche betriebswirtschaftlichen Vorgänge serialisierungspflichtig sind.

Serialisiertes Material in der Pharmaindustrie

Im Kampf gegen Medikamentenfälschungen erhält jede Medikamentenpackung eine eindeutige Serialnummer. Damit lässt sich bis zum Endverbraucher die Herkunft verfolgen. Damit die Serialnummer in der Produktion automatisch vergeben wird, muss im Materialstammsatz ein Serialnummernprofil mit den entsprechenden Einstellungen gepflegt werden.

VERTPRF.

Das Feld *Verteilungsprofil* nutzen Sie, wenn im Beschaffungsprozess bereits festgelegt werden soll, auf welche Abnehmer innerhalb des ausgewählten Werks das Material verteilt werden soll. Warenverteilung ist ein typischer Prozess im Handel. Ein Lieferant liefert beispielsweise eine Lkw-Ladung eines Produkts an ein Verteilzentrum. Die gelieferte

Menge soll dann auf die dem Verteilzentrum zugeordneten Filialen verteilt werden.

NEG. BEST.

Mit Setzen dieses Kennzeichens erlauben Sie, dass negative Bestände zugelassen werden. *Negative Bestände* sind in den Bestandsarten »Frei verwendbarer Bestand« und »Sperrbestand« möglich.

! Negativer Bestand

Das Setzen des Kennzeichens im Materialstamm ist nur sinnvoll, wenn negative Bestände auch für das betreffende Werk und mindestens einen Lagerort erlaubt sind. Diese Einstellungen werden im Customizing vorgenommen.

Beispiel für negative Bestände im Vertrieb

Ein Material wird in Serie produziert. Volle Paletten werden direkt zum Versand gebracht und sind damit physisch für Lieferungen verfügbar. Der Versand bucht den Warenausgang und erzeugt somit untertägig einen negativen Bestand. Dieser wird am Abend wieder ausgeglichen, wenn die Tagesproduktionsmenge von der Fertigung zurückgemeldet wird.

SERIALISEBENE

An dieser Stelle können Sie vorgeben, ob die Serialnummer nur auf Materialebene zugeordnet werden soll (leeres Feld) oder ob sie auch identisch mit der Equipmentnummer sein soll *(1)*. Beachten Sie dabei, dass es sich um ein globales Feld handelt, d. h., die Einstellungen sind für alle Werke relevant.

IUID-RELEVANT

Gibt an, dass für das Material eine eindeutige Teile-ID (engl.: »unique item identifier«, UII) erzeugt werden muss.

In einigen Geschäftsprozessen ist es erforderlich, Teile (z. B. einzelne Bauelemente) weltweit eindeutig zu identifizieren. Eine Serialnummer ist zwar für einen Hersteller eindeutig, aber es können mehrere Teile (verschiedene Materialien, verschiedene Hersteller) dieselbe Serialnummer besitzen. Damit wäre die Serialnummer nicht weltweit eindeutig.

Der UII dagegen besitzt genau diese Eigenschaft. Die Nummer setzt sich aus verschiedenen Informationen zusammen, beispielsweise aus einem Code für die Vergabestelle der Herstellerkennung (engl.: »issuing agency code«), der Herstellerkennung (engl.: »enterprise identifier«) und der Serialnummer des Teils.

EXTERNE VERGABE

Diese besagt, dass bei einem fremdbeschafften Teil die IUID vom Lieferanten erzeugt wird.

IUID-TYP

Der IUID-Typ bestimmt die Bestandteile einer eindeutigen Teile-ID (UII).

4.5 Sicht »International Trade: Export«

Die Sicht INTL TRADE: EXPORT (siehe Abbildung 4.5) beinhaltet zwei Segmente, die relevant sind, wenn Sie Ihre Waren ins Ausland verkaufen:

- AUSSENHANDELSDATEN und
- URSPRUNG.

Diese Felder können Sie ignorieren, wenn Sie ein Material nicht in andere Länder liefern. Sollten Sie allerdings internationale Handelsbeziehungen pflegen, müssen diese Felder entsprechend berücksichtigt werden.

Die Segmente enthalten Angaben wie etwa das Ursprungsland, das für die Statistik und die Zollabwicklung bei einer internationalen Sendung relevant sind.

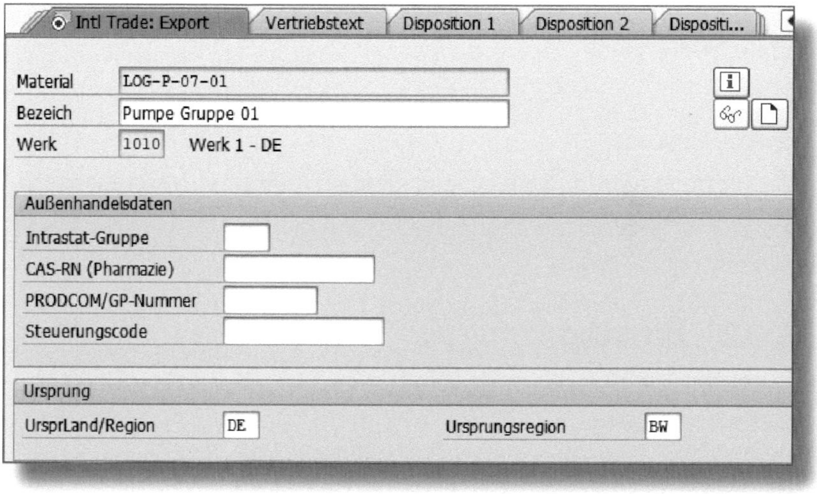

Abbildung 4.5: Sicht »Intl Trade: Export«

4.5.1 Außenhandelsdaten

INTRASTAT-GRUPPE

Mit diesem Feld können Sie Materialien zusammenfassen, die in Bezug auf Intrastat-Meldungen gleichartig sind. Abhängig von der Intrastat-Gruppe können Sie im Customizing Vorschlagswerte für den Verkauf hinterlegen.

CAS-RN (PHARMAZIE)

Hinter diesem Kürzel verbirgt sich ein Schlüssel aus der Liste der von der Weltgesundheitsorganisation (WHO) vergebenen Internationalen

Freinamen (INN) für pharmazeutische Stoffe, für die die Zollfreiheit gilt.

PRODCOM/GP-NUMMER

PRODCOM steht für **PROD**uction **COM**munautaire. Hierbei handelt es sich um einen alphanumerischen Schlüssel, der die Einreihung von Gütern in eine Systematik zwecks Erstellung europaweiter Produktionsstatistiken erlaubt.

STEUERUNGSCODE

Dieser Code betrifft die in einigen Ländern relevanten Verbrauchssteuern in der Außenhandelsabwicklung.

4.5.2 Ursprung

URSPRLAND/REGION

Dieses Segment gibt an, in welchem Land und welcher Region das Produkt hergestellt wurde. Bei Eigenfertigungsteilen wäre das Ihr Land (z. B. Deutschland) und Ihre Region (z. B. Hessen). Wird das Material als Handelsware zugekauft und von Ihnen weitervertrieben, müssen Sie die Daten von Ihren Lieferanten anfordern, beispielsweise in Form einer Lieferantenerklärung.

! Statistische Warennummern in SAP S/4HANA

In SAP ECC konnte man in der Exportsicht noch die statistische Warennummer eines Materials hinterlegen. In SAP S/4HANA ist dies nicht mehr möglich. Für die Pflege müssen Sie die Fiori-Apps »Produkt klassifizieren« zum Zuordnen und »Produkt reklassifizieren« zum Ändern der Zuordnung benutzen. Die statistischen Warennummern selbst pflegen Sie mit der Fiori-App »Statistische Warennummern verwalten«.

4.6 Sicht »Vertriebstext«

Die Sicht VERTRIEBSTEXT (siehe Abbildung 4.6) beinhaltet lediglich ein Freitextfeld, in das Sie für den Vertrieb relevante Informationen eintragen können. Es dient der zusätzlichen Beschreibung des vertriebenen Produkts. Der hier eingegebene Text wird automatisch in jeden Kundenauftrag übernommen, der zu dem betreffenden Vertriebsbereich angelegt wird. Es ist also kein globaler, sondern ein vertriebsbereichsbezogener Text.

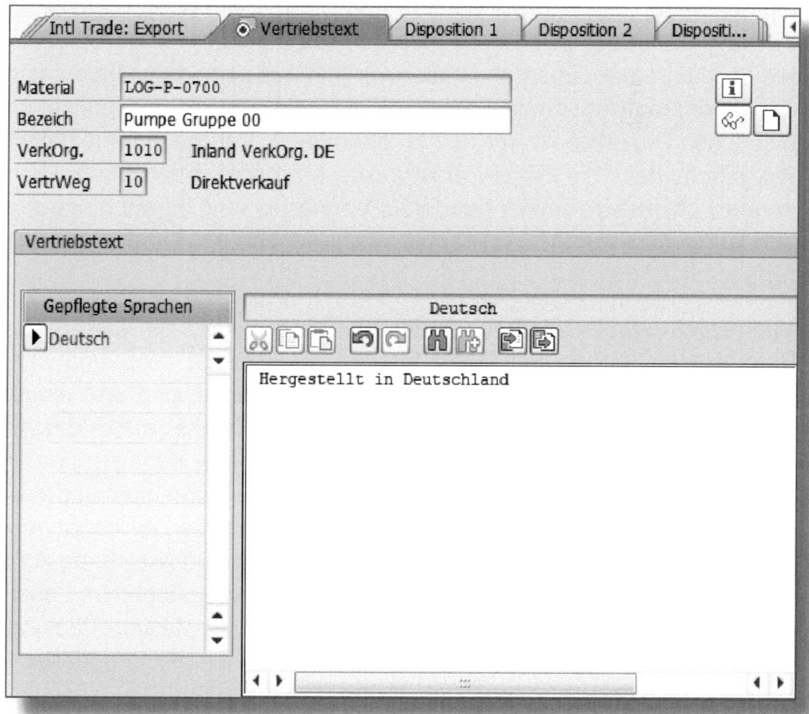

Abbildung 4.6 : Sicht »Vertriebstext«

4.7 Persönliche Anmerkung

Die Materialstammdaten in den Vertriebssichten können Sie dazu nutzen, vertriebsbezogene Prozesse zu automatisieren. Es ist allerdings wichtig, dass diese Felder gut definiert, verstanden und dokumentiert sind. Je besser und vollständiger die Pflege der Vertriebssichten ist, desto genauer wird beispielsweise der Liefertermin zum Kunden (über die Kundenauftragsanlage) ermittelt.

Sie haben gesehen, wie ein Produkt etwa über den vertriebslinienspezifischen Materialstatus gesteuert werden kann, wenn es sich um einen Prototyp handelt und vermieden werden soll, dass der Kunde ein unreifes Produkt erhält. Ebenfalls haben wir Ihnen gezeigt, dass Felder wie die Mindestauftragsmenge und die Mindestliefermenge helfen, die logistischen Prozesse im Vertrieb zu optimieren. Darüber hinaus haben Sie gelernt, dass Sie dem Produkt gewisse Produktattribute mitgeben können, um bereits bei der Kundenauftragserfassung darauf hingewiesen zu werden, wie Sie ein Produkt entsprechend der Kundenanforderung ausliefern sollen.

Viele Unternehmen stehen vor der Herausforderung, die Liefertreue dem Kunden gegenüber aufrechtzuerhalten. Es ist problematisch, wenn zwar die Lieferzeiten für ein Produkt bekannt sind und eingegeben werden, andere Informationen, die wesentliche Auswirkungen auf die nachgelagerten logistischen Prozesse haben, dagegen unvollständig bis gar nicht gepflegt sind. Wenn z. B. das Verpacken und Vorbereiten für den Versand eines Produkts eine gewisse Zeit benötigen, die im System nicht hinterlegt ist, ist die Lieferterminabweichung zum Kunden bereits vorprogrammiert – es sei denn, die Kollegen im Logistikbereich holen die Zeit auf. Ein anderes Beispiel könnte sein, dass die Mindestliefermenge nicht zu der Verpackungseinheit des Endprodukts passt und sie dadurch Störungen im Prozess erzeugt.

All diese Beispiele und noch viele weitere sind uns im Laufe der Jahre begegnet, und unsere Herangehensweise an die Probleme war immer gleich:

1. Fragen Sie zunächst: »Sind die Stammdaten korrekt gepflegt?«
2. Wenn ja, analysieren Sie, ob die eingetragenen Werte korrekt sind und dem tatsächlichen Prozess entsprechen.

5 Einkauf

Welche Materialstammdaten sind für den Beschaffungsprozess von Bedeutung? Wir werden Ihnen in diesem Kapitel die einzelnen Felder und deren Funktionen erläutern sowie wichtige persönliche Erfahrungen mit Ihnen teilen. Einige der Felder ermöglichen Ihnen, den Beschaffungsprozess im Tagesgeschäft weitestgehend zu automatisieren. Somit müssen Sie sich nur um Ausnahmen kümmern. Dies verschafft Ihnen Zeit, Lagerbestände zu optimieren oder bessere Konditionen mit den Lieferanten auszuhandeln.

Mit den richtigen Parametern in den Einkaufs- und Dispositionssichten gehören, ohne dass Sie großen Aufwand betreiben müssten, viele wiederkehrende Tätigkeiten der Vergangenheit an. Wir haben dieses Kapitel aus der Sicht eines Einkäufers geschrieben.

Es gibt im Materialstamm im Wesentlichen drei Sichten für den Einkauf:

- EINKAUF,
- INTL TRADE: IMPORT und den
- EINKAUFSBESTELLTEXT.

Die Parameter in diesen Sichten verwenden Sie, um beispielsweise den Artikel einem Einkäufer zuzuordnen und die Einkaufswerte zu hinterlegen. Darüber hinaus bieten diese Sichten die Möglichkeit, die automatische Bestellerzeugung zuzulassen.

5.1 Sicht »Einkauf«

Die Sicht EINKAUF (siehe Abbildung 5.1) besteht aus drei Segmenten:

- ALLGEMEINE DATEN,

- EINKAUFSWERTE und
- SONSTIGE DATEN/HERSTELLERDATEN.

Im Abschnitt ALLGEMEINE DATEN können Sie zusätzlich zur Basismengeneinheit eine abweichende Bestellmengeneinheit pflegen. Unter EINKAUFSWERTE steuern Sie z. B. Toleranzen für Überlieferungen und Unterlieferungen. Im Segment SONSTIGE DATEN/HERSTELLERDATEN können u. a. die WE-BEARBEITUNGSZEIT und die HERSTELLERTEILENR. hinterlegt werden.

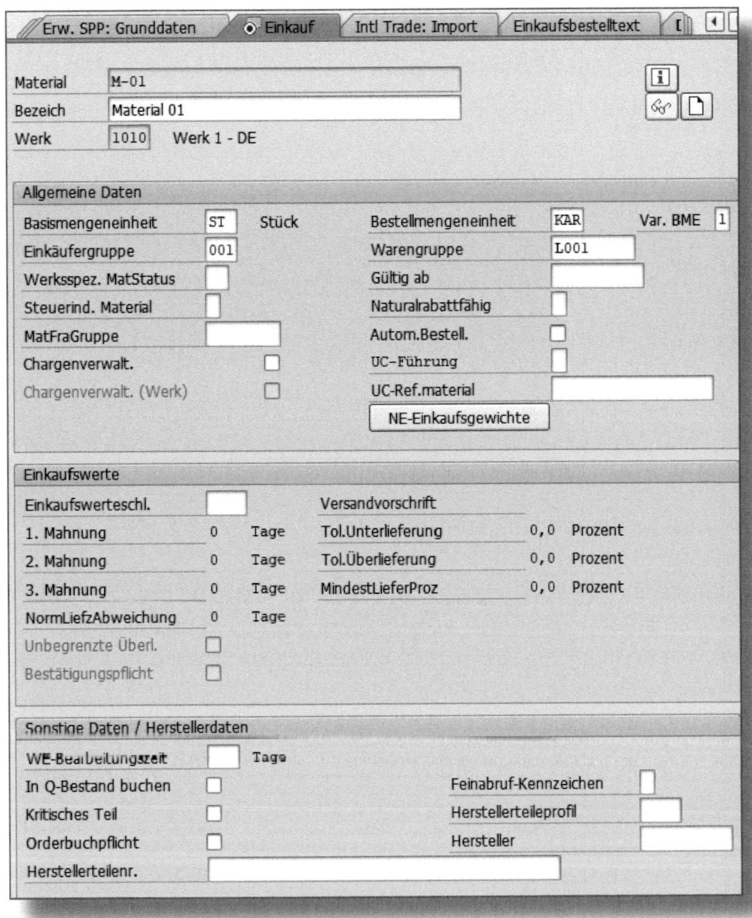

Abbildung 5.1: Sicht »Einkauf«

5.1.1 Allgemeine Daten

BASISMENGENEINHEIT

Diese haben wir bereits in den Grunddatensichten (siehe Abschnitt 3.2.1) erläutert.

BESTELLMENGENEINHEIT

Die Bestellmengeneinheit verwenden Sie, wenn Ihre Lieferanten in einer von der Basismengeneinheit abweichenden Mengeneinheit liefern. Bei dimensionslosen Mengeneinheiten müssen Sie in den Zusatzdaten die Umrechnung in die Basismengeneinheit hinterlegen.

! Bestellmengeneinheit

Beachten Sie, dass die Bestellmengeneinheit in der Bestellanforderung ignoriert wird. Beispiel: Sie haben im Materialstamm hinterlegt: BASISMENGENEINHEIT *ST* (Stück), BESTELLMENGENEINHEIT *KAR* (Karton) mit einer Umrechnung *1 KAR = 10 ST*. Wenn Sie jetzt eine Bestellanforderung anlegen und *1 KAR* eingeben, ersetzt das System KAR durch ST, ohne die Menge zu ändern, in diesem Fall wird also aus 1 KAR dann 1 ST.

Variable Bestellmengeneinheit (VAR. BME)

In diesem Feld können Sie zwei verschiedene Werte pflegen:

- *1 (Aktiv):* Die variable Bestellmengeneinheit erlaubt Ihnen, im Infosatz unterschiedliche Umrechnungen je Lieferant zu hinterlegen.

Beispiel für variable Bestellmengeneinheit

Sie haben als Basismengeneinheit *ST* (Stück) und als Bestellmengeneinheit *KAR* (Karton) eingetragen. Wenn die variable Bestellmengeneinheit aktiv ist, können Sie im Infosatz lieferantenspezifisch verschiedene Umrechnungen hinterlegen, beispielsweise sind bei Lieferant A immer zehn Stück in einem Karton, bei Lieferant B dagegen zwölf Stück.

- *2 (Aktiv mit eigenem Preis):* Diese Einstellung ermöglicht verschiedene Preise für das gleiche Material vom gleichen Lieferanten in Abhängigkeit zur Bestellmengeneinheit.

Beispiel für variable Bestellmengeneinheit mit eigenem Preis

Wir haben Kunststoffgranulat eingekauft. Bei einem Lieferanten gab es folgende Situation: Bei Bestellung in der Bestellmengeneinheit Sack (1 Sack = 25 kg) gab es einen anderen Preis als bei Bestellungen in der Bestellmengeneinheit Behälter (1 Behälter = 1.000 kg). Durch die Verwendung der variablen Bestellmengeneinheit mit eigenem Preis war keine manuelle Preisanpassung in Bestellungen nötig, da beide Preise im Infosatz gepflegt werden konnten.

EINKÄUFERGRUPPE

Die Einkäufergruppe legt je Werk fest, wer dort für die Beschaffung eines Materials zuständig ist. Standardmäßig vorgesehen ist die Zuordnung einer Einkäufergruppe in einem Werk zu einer bestimmten Person. Es gibt aber auch Unternehmen, in denen mehrere Personen für dieselbe Einkäufergruppe zuständig sind. Im Customizing können Kommunikationsdaten (z. B. Name, Telefonnummer, E-Mail) der Einkäufergruppen hinterlegt werden, die anschließend auf den Einkaufsdokumenten (z. B. Bestellung, Anfrage) gedruckt werden.

Funktionen der Einkäufergruppe

Das Feld ermöglicht in diversen Einkaufsreports und Fiori-Apps eine Selektion von Daten, die den jeweiligen Einkäufern zugeordnet sind, beispielsweise offene Bestellanforderungen, offene Bestellungen, auslaufende Kontrakte oder Bestellwerte.

Das Feld hat einen alphanumerischen Schlüssel. Sie können deshalb eine für Ihre Organisation passende Logik aufbauen, die eindeutig identifiziert, in welchem Bereich des Unternehmens der Einkäufer tätigt ist.

Beispiel für Einkäufergruppen an diversen Standorten

Angenommen, Sie haben ein Werk in Sydney, ein Werk in Tokio und eines in Hamburg, und jedes dieser Werke besitzt einen eigenen Einkauf. Dann könnten Sie die dreistelligen alphanumerischen Einkäufergruppen so aufbauen, dass Sie den Einkäufer eindeutig dem Standort zuordnen, beispielsweise so:

- S01, S02, S03 ... (für Sydney)
- T01, T02, T03 ... (für Tokio)
- H01, H02, H03 ... (für Hamburg)

Diese Logik hilft dabei, beim globalen Einkaufscontrolling gewisse Eingrenzungen vorzunehmen, ohne die Bezeichnung der jeweiligen Einkäufergruppe aufrufen zu müssen.

WARENGRUPPE

Wie in Abschnitt 3.2.1 bereits beschrieben, wird die Warengruppe verwendet, um mehrere Materialien oder Dienstleistungen mit identischen Eigenschaften zusammenzufassen.

WERKSSPEZ. MATSTATUS

Ähnlich wie der werksübergreifende Materialstatus (siehe Abschnitt 3.2.1), wird der werksspezifische Materialstatus verwendet, um bestimmte Restriktionen für das Material, hier auf Werksebene, festzulegen.

GÜLTIG AB

Dieses Feld gibt an, ab wann der werksspezifische Materialstatus gültig sein soll.

☛ Priorität des Materialstatus

Wenn für ein Material sowohl ein werksübergreifender als auch ein werksspezifischer Materialstatus gepflegt sind, gelten immer die schärferen Regeln. Beispiel: Die Beschaffung ist werksübergreifend ausgeschlossen, aber werksspezifisch erlaubt. In diesem Fall greift der werksübergreifende Status, und die Beschaffung für das Material ist in diesem Werk nicht möglich. Ist die Beschaffung werksspezifisch ausgeschlossen, hat dies für das betreffende Werk Vorrang vor einer gegenteiligen Festlegung im werksübergreifenden Materialstatus.

STEUERIND. MATERIAL

Der Steuerindikator wird zur automatischen Findung des Steuerkennzeichens in Einkaufsbelegen verwendet. Die Ausprägungen sind:

- *0 (Keine Steuer)*
- *1 (Volle Steuer)*
- *2 (Halbe (reduzierte) Steuer)*

Für die Findung des Steuerkennzeichen sind noch weitere Faktoren wie Empfangsland, Importkennzeichen oder Region relevant. Die Regeln für die Findung werden in den Konditionssätzen hinterlegt.

☛ Einkaufsinfosatz

In der SAP-Sprache gibt es Materialstammdaten und Einkaufsstammdaten. Zu Letzteren gehören u. a. der Infosatz, das Orderbuch und die Nachrichtenkonditionen. Die Anlage und Pflege dieser Einkaufsstammdaten sind die Grundvoraussetzungen, um den Einkaufsprozess nutzen zu können. Der *Einkaufsinfosatz* beinhaltet die Informationen (z. B. Preis, Planlieferzeit, Lieferbedingungen), die für ein Material mit einem bestimmten Lieferanten vereinbart wurden. Anders als Einträge in den Materialstammdaten, die für alle Lieferanten relevant sind, können im Infosatz lieferantenspezi-

> fische Einträge gepflegt sein. Wenn es beispielsweise für ein Material mehrere Lieferanten mit unterschiedlichen Preisen und Lieferzeiten gibt, sollten diese Informationen im Infosatz stehen. Je nachdem, bei welchem Lieferanten das Material eingekauft wird, werden sie entsprechend vom System berücksichtigt.
>
> Über das *Orderbuch* stellen Sie die Verbindung zwischen dem Material, dem Infosatz und dem zugehörigen Lieferanten her und teilen dem System mit, bei welchem Lieferanten der Artikel beschafft werden soll. Mit den oben erwähnten *Nachrichtenkonditionen* sagen Sie dem System anschließend, wie die Einkaufsbelege (Bestellungen, Anfragen, Mahnungen etc.) übermittelt werden sollen (Fax, E-Mail, EDI etc.).

NATURALRABATTFÄHIG

Mit diesem Kennzeichen können Sie Naturalrabatte (Draufgabe oder Dreingabe) für ein Material zulassen. Die Art und Höhe des Naturalrabatts wird über die Konditionstechnik festgelegt (z. B. im Einkaufsinfosatz).

MATFRAGRUPPE

Die *Materialfrachtgruppe* dient zur Gruppierung von Materialien zum Zwecke der Klassifizierung nach Güterarten und Güterklassen. Diese werden für die Ermittlung der Frachtkosten und bei der Kommunikation mit dem Logistikdienstleister verwendet. Die Findung der Güterart wird dabei mithilfe der Materialfrachtgruppe und des Güterverzeichnisses durchgeführt. Alle Findungsschritte werden im Customizing eingestellt.

AUTOM.BESTELL.

Mit diesem Kennzeichens erlauben Sie, dass die Umsetzung von Bestellanforderungen in Bestellungen für dieses Material automatisch erfolgen kann (Transaktion *ME59N*). Um Bestellungen automatisch zu generieren, ist es allerdings auch erforderlich, dass im Lieferantenstamm das Kennzeichen AUTOMATISCHE BESTELLUNG gesetzt ist und dass das System Konditionen für die Bestellung ermitteln kann.

☛ Nutzung der automatischen Bestellung

Versuchen Sie immer, das System für sich arbeiten zu lassen und es nicht als Schreibmaschine zu nutzen. Pflegen Sie die Stammdaten so, dass Sie viele Bestellprozesse automatisieren können. Dies verschafft Freiräume im operativen Tagesgeschäft.

Die automatische Bestellerzeugung hilft Ihnen, den Bearbeitungsaufwand für Bestellanforderungen zu reduzieren, da die manuelle Anlage einer Bestellung nicht mehr erforderlich ist. Wenn Sie Bestellanforderungen mithilfe des Planungslaufs erzeugen und die Nachrichtenfindung auf sofortigen Versand eingestellt ist, haben Sie einen weitestgehend automatisierten Beschaffungsprozess.

! Achten Sie auf Sorgfalt bei Nutzung der automatischen Bestellung!

Bei Nutzung der automatischen Bestellung müssen Sie unbedingt darauf achten, dass alle Stammdaten korrekt gepflegt sind, da die Bestellungen bei Fehlern nur noch schwer zu widerrufen sind, wenn sie dem Lieferanten bereits zugegangen sind.

CHARGENVERWALT.

Dieses Kennzeichen gibt an, ob das Produkt chargenpflichtig ist oder nicht. Sie können es im Materialstamm manuell setzen. Solange Bestände in der laufenden Periode oder in der Vorperiode vorhanden sind, ist das Kennzeichen jedoch nicht änderbar.

CHARGENVERWALTUNG (WERK)

Dieses Kennzeichen ist nur in Verbindung mit Chargeneinzelbewertung relevant. Je nach Customizing-Einstellung kann es manuell gepflegt werden, oder es wird automatisch vom System gesetzt und ist nicht manuell änderbar.

UC-FÜHRUNG

Dieses Kennzeichen gibt an, ob zu dem jeweiligen Material Ursprungschargen angelegt werden dürfen.

Ursprungschargen helfen, eine Charge über mehrere Produktionsstufen zu verwalten. Sie werden eingesetzt, wenn in der Prozesskette alle Stufen Chargenpflicht vorsehen und die Charge des Ausgangsmaterials für alle Folgestufen relevant ist.

UC-REF.MATERIAL

Dieses Segment bezeichnet ein Referenzmaterial, zu dem eine Ursprungscharge angelegt wird.

Ursprungschargen helfen, eine Charge über mehrere Produktionsstufen zu verwalten, wenn in der Prozesskette alle Stufen eine Chargenpflicht vorsehen, die Charge des Ausgangsmaterials aber auch für alle Folgestufen relevant ist.

5.1.2 Einkaufswerte

EINKAUFSWERTESCHL.

Mit dem *Einkaufswerteschlüssel* legen Sie fest, wie die Mahnstufen und Toleranzgrenzen aussehen sowie welche Versandvorschriften für den Einkauf des Materials gelten. Darüber hinaus entscheiden Sie, ob das Material einer BESTÄTIGUNGSPFLICHT unterliegen soll. Sie können hier lediglich einen Schlüssel auswählen; die einzelnen Felder sind nicht direkt pflegbar. Die hier hinterlegten Werte sind Vorschlagswerte für das Anlegen von Einkaufsbelegen und Einkaufsinfosätzen und können dort geändert werden. Sie sind vor allem dann sinnvoll, wenn sie für alle Lieferanten gelten sollen.

MAHNTAGE

Mit den Mahntagen (Felder 1. MAHNUNG, 2. MAHNUNG ...) sagen Sie dem System, nach wie vielen Tagen Lieferverzögerung oder Überschreitung der Mahnfrist gemahnt werden kann.

TOLERANZEN

Die Felder TOL.UNTERLIEFERUNG und TOL.ÜBERLIEFERUNG dienen dazu, das System »sauber« zu halten. Wenn Sie z. B. eine Unterlieferungstoleranz von zehn Prozent gepflegt haben, die Bestellmenge 100 Stück war und Ihr Lieferant 99 Stück liefert, würde eine Bestellposition nach erfolgtem Wareneingang automatisch auf »endgeliefert« gesetzt werden, und es bliebe dispositiv keine Restmenge von einem Stück mehr offen. Weitere Informationen zu den Toleranzen finden Sie in Abschnitt 6.7.2.

VERSANDVORSCHRIFT

Sie bezeichnet die vom Lieferanten einzuhaltende Versandanweisung.

Beispiel zur Versandvorschrift

In unserer Firma hatten wir Warenannahme und Versand an der gleichen Stelle. Wareneingänge sollten bevorzugt vormittags erfolgen. Daher hatten wir eine Versandvorschrift: »Warenannahme nur vormittags«. Mithilfe der Lieferantenbeurteilung kann einem Lieferanten bei Nichteinhaltung dieser Vorschrift eine schlechte Note gegeben werden.

MINDESTLIEFERPROZ

Der *Mindestlieferprozentsatz* wird bei der Lieferantenbeurteilung verwendet. Er gibt an, wie viel Prozent der Bestellmenge mindestens geliefert werden müssen, um bei pünktlicher Lieferung eine Note für die Termineinhaltung zu ermitteln.

NORMLIEFZABWEICH

Der *Normlieferzeit-Abweichung* wird in der klassischen Lieferantenbeurteilung verwendet. Dieser Wert besagt, wie viele Tage Terminabweichung einer hundertprozentigen Abweichung entsprechen. Beispiel: Ist der Wert 5, so entsprechen fünf Tage einer 100-prozentigen Abweichung. Ein Tag entspricht dann einer Abweichung von 20 Prozent. In der Lieferantenbeurteilung nach Einkaufskategorie wird dieser Wert nicht verwendet.

UNBEGRENZTE ÜBERL.

Wie die Bezeichnung des Feldes bereits vermuten lässt, geben Sie damit an, dass Überlieferungen ohne Obergrenze akzeptiert werden.

BESTÄTIGUNGSPFLICHT

Mit diesem Feld legen Sie fest, ob ein Einkaufsbeleg (Bestellung, Rahmenvertrag etc.) vom Lieferanten bestätigt werden soll. Ist dieses Feld aktiviert, taucht der bestellte Artikel in den SAP-Mahnreports für die Auftragsbestätigungen (z. B. *ME92F* für Bestellungen) auf, solange in der Bestellung keine Bestätigung erfasst wurde.

Finden Sie keinen passenden Einkaufswerteschlüssel, können Sie im Customizing weitere Werte hierfür anlegen.

5.1.3 Sonstige Daten/Herstellerdaten

WE-BEARBEITUNGSZEIT

Die *Wareneingangsbearbeitungszeit* nennt die Anzahl an Tagen (in Arbeitstagen), die benötigt wird, um den Wareneingang durchzuführen. Hierzu zählen die Prüfung und Einlagerung nach Anlieferung des Materials. Die Wareneingangsbearbeitungszeit wird bei der Terminierung der Bestellanforderung und anschließend bei der Bestellung berücksichtigt. Wenn Sie z. B. einen Bedarf für eine Komponente am 12.10. haben und die hinterlegte Wareneingangsbearbeitungszeit zwei Tage beträgt, wird das System bei Rückwärtsterminierung einen Bestellvorschlag mit Liefertermin zum 10.10. generieren, durch den das Material nach erfolgter Prüfung und Einlagerung am 12.10. verfügbar wäre.

IN Q-BESTAND BUCHEN

Dieses Feld gibt an, ob das Material der Qualitätsprüfung unterliegt und nach dem Wareneingang in den *Qualitätsprüfbestand* gebucht werden soll. Wenn Sie das Kennzeichen setzen, wird es als Vorschlagswert in Einkaufsbelegpositionen übernommen.

KRITISCHES TEIL

Dieses Kennzeichen zeigt an, ob es sich bei dem Material um ein kritisches (besonders wichtiges) Teil handelt; etwa bei einem Material, für das es nur eine Bezugsquelle (Single Source) gibt. Das Feld hat im Einkauf einen rein informativen Charakter. In der Inventur steuert das Kennzeichen, dass das Material bei einer Stichprobeninventur immer in den Vollerhebungsraum fällt, also auf jeden Fall gezählt werden muss.

ORDERBUCHPFLICHT

Beim Aktivieren der Orderbuchpflicht verlangt das System die Anlage eines Orderbuches (siehe Abbildung 5.2) für ein fremdbeschafftes Material. Es ist ein werksspezifisches Feld und daher nur für das Werk gültig, in dem das Kennzeichen gesetzt ist. In diesem Fall darf ein Material für dieses Werk nur bei den Lieferanten gekauft werden, die im Orderbuch enthalten sind.

☛ Bezugsquellenfindung in SAP S/4HANA

In SAP S/4HANA ist die Bezugsquellenfindung im Planungslauf auch ohne Orderbuch oder Quotierung möglich. Wenn weder Quotierung noch Orderbuch existieren, werden Lieferpläne, Kontraktpositionen oder Infosätze gesucht. Bei Infosätzen muss das neue Kennzeichen für die automatische Bezugsquellenfindung gesetzt sein, damit diese gefunden werden können.

Das *Orderbuch* ist die Verbindung zwischen dem Material, der Bezugsquelle (Infosatz oder Rahmenvertragsposition) und dem Lieferanten. Der Lieferant kann sowohl ein externer Lieferant sein als auch ein anderes Werk, wie z. B. bei der Intercompany-Abwicklung.

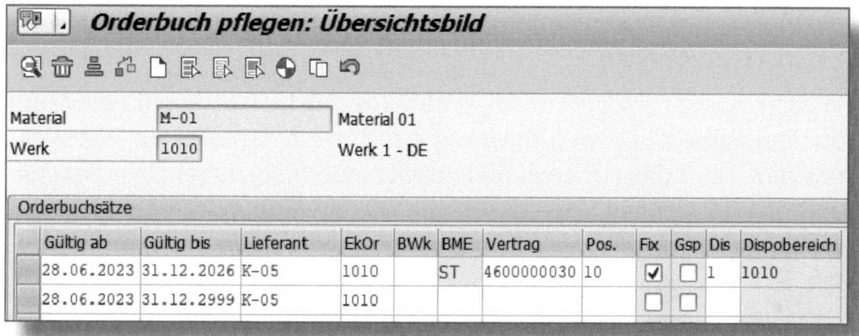

Abbildung 5.2: Orderbuch

> **Beispiel für die Orderbuchpflicht**
>
> Bei einer Trennung zwischen strategischem und operativem Einkauf würde der strategische Einkauf die Orderbuchpflicht markieren und im Orderbuch die zulässigen Lieferanten eintragen. Der operative Einkauf kann dann aus den im Orderbuch hinterlegten Lieferanten auswählen, bei wem er bestellen möchte.

FEINABRUF-KENNZEICHEN

Wenn Sie Lieferpläne mit Abrufdokumentation (z. B. Belegart LPA) nutzen, steuern Sie mit diesem Feld (siehe Abbildung 5.1), ob ein Lieferant Feinabrufe zu den Lieferplänen erhalten kann oder nicht.

Die Lieferplanabwicklung hat u. a. die Eigenschaft, Liefer- und Feinabrufe zu übermitteln. *Lieferabrufe* sind die Nachrichten an den Lieferanten, zu welchen Zeiten und in welcher Menge er ein Material anliefern soll. Sie dienen in der Regel zur längerfristigen Information des Lieferanten, da die Terminangabe zumeist auf Wochen- oder Monatsbasis erfolgt. *Feinabrufe* hingegen sind präzisere Angaben zum Wunschliefertermin, da diese die Termine auf Tages- oder sogar auf Stundenbasis angeben. Damit erhält der Lieferant Ihre exakte Bedarfsplanung. Das Kennzeichen muss im Materialstamm gesetzt sein, damit es im Lieferplan verwendet werden kann.

HERSTELLERTEILEPROFIL

Im Gegensatz zum Orderbuch, in dem Sie den Lieferanten für ein Material festlegen, ist bei der Abwicklung mit Herstellerteilen der Hersteller relevant. Über das Herstellerteileprofil steuern Sie dabei die möglichen und obligatorischen Prozessschritte wie die Ebene der Infosätze oder ob Sie gar die zulässigen Hersteller separat festlegen und prüfen wollen.

Herstellerteil

Wenn Sie Autofahrer sind, finden Sie im Handbuch beispielsweise eine Information, welche Motorenöle von welchen Herstellern für Ihr Fahrzeug freigegeben sind. Sie müssen eines dieser Öle verwenden, wenn Sie den Garantieanspruch nicht verlieren möchten. Wo Sie das Öl kaufen, darf Ihnen der Fahrzeughersteller aber nicht vorschreiben. Je Hersteller können Sie dann ein Untermaterial mit der Materialart HERS anlegen, das Sie mit dem bestandsgeführten Material verknüpfen. Für diese Untermaterialien wiederum lassen sich eigene Infosätze mit unterschiedlichen Preisen generieren. Dies ist sogar für denselben Lieferanten möglich.

HERSTELLER

Hier geben Sie – falls gewünscht – die Nummer (Lieferantennummer) des Herstellers ein. Für Hersteller stellt SAP eine eigene Kontengruppe MNFR zur Verfügung.

HERSTELLERTEILENR.

Dies ist die Nummer, unter der das Material beim Hersteller geführt wird. Bei Pharmaprodukten wäre das z. B. die PZN oder bei Büchern die ISBN.

5.2 Sicht »International Trade: Import«

In der Sicht INTL TRADE: IMPORT pflegen Sie die beim Import erforderlichen Daten aus Sicht des Einkaufs. Die Sicht beinhaltet die Segmente

- AUSSENHANDELSDATEN und
- URSPRUNG.

Die Felder sind identisch mit denen beim Export (siehe Abschnitt 4.5 für die Feldbeschreibungen und den Hinweis zur statistischen Warennummer).

5.3 Einkaufsbestelltext

Wie der Vertriebstext (siehe Abschnitt 4.6) dient auch der EINKAUFSBESTELLTEXT als erweiterte Information zum jeweiligen Artikel. Dieser Text wird bei den Beschaffungsprozessen auf den Dokumenten (Bestellung, Anfrage etc.) gedruckt und ist mandantenweit gültig. Er sollte daher keine lieferantenspezifischen Informationen beinhalten; diese können stattdessen im Infosatz hinterlegt werden (siehe Abbildung 5.3).

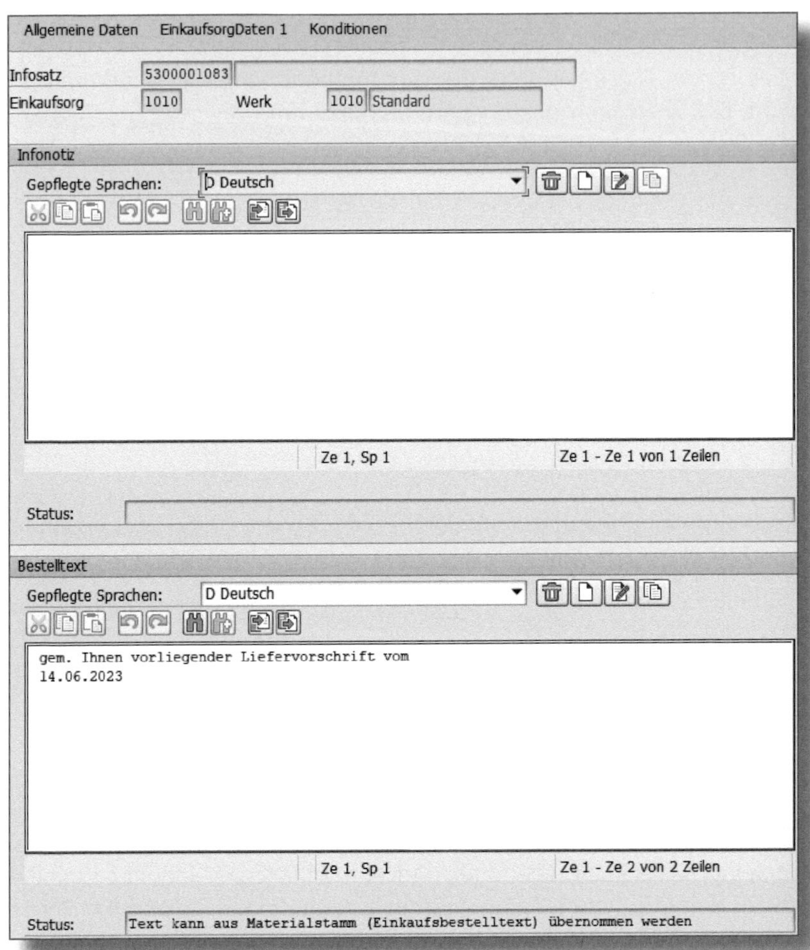

Abbildung 5.3: Infosatz – Bestelltext

Sie haben die Möglichkeit, sowohl im Materialstamm als auch im Infosatz die Texte in mehreren Sprachen zu pflegen. Je nach gewählter Kommunikationssprache im Lieferantenstamm wird in Einkaufsbelegen der dazugehörige Text vom System ermittelt. Wenn Ihre Konzernsprache Deutsch ist, Sie aber einen Lieferanten in den USA haben, mit dem Sie auf Englisch kommunizieren, pflegen Sie den Einkaufsbestelltext für die Materialien, die Sie bei diesem Lieferanten bestellen, auch auf Englisch. Dieser wird dann in allen englischsprachigen Bestellungen verwendet.

Einkaufsbestelltext

Der Einkaufsbestelltext wird auch im Infosatz angezeigt. Wird er dort geändert, werden in Bestellungen beide Texte gedruckt. Sie können aber im Infosatz das Kennzeichen *Kein MText* setzen. Dann wird nur der Text aus dem Infosatz gedruckt und der Einkaufsbestelltext ignoriert.

5.4 Persönliche Anmerkung

Die Einkaufssichten – zusammen mit den Disposichten, die im nächsten Abschnitt beschrieben werden – beinhalten die Felder für die korrekte Planung, Beschaffung und Disposition eines Materials. Sie ermöglichen u. a., den Beschaffungsprozess zu automatisieren und Verantwortlichkeiten zu definieren. Darüber hinaus haben wir gesehen, dass sich mithilfe der Einkaufswerte Toleranzen vorgeben und Versandvorschriften definieren lassen.

Unser Rat an jeden Einkäufer oder Disponenten ist, von Zeit zu Zeit durch das Lager zu gehen und sich ein Bild davon zu machen, was sich hinter den Materialnummern verbirgt. Sollte dies aus irgendwelchen Gründen nicht möglich sein, dann empfehlen wir, zumindest die jährliche Inventur mitzumachen, um ein Gefühl für »Ihre« Artikel zu bekommen. Es ist gut zu wissen, was es bedeutet, wenn von einem Material, z. B. aufgrund einer Bedarfsspitze, plötzlich die doppelte Menge beschafft werden muss. Ist es nur ein Karton mehr auf einer Palette oder ist es ein weiterer Lkw, der erforderlich ist?

6 Disposition

In diesem Kapitel beschreiben wir, wie die Dispositionsdaten Ihre Planung beeinflussen und steuern.

Ob Sicherheitsbestände, Mindestlosgrößen oder Lieferzeiten: All dies wird in den Dispositionssichten gepflegt. Die korrekte Nutzung dieser Felder kann wahre Wunder bewirken und Ihnen eine Menge Zeit und dadurch Kosten sparen helfen.

6.1 Aufbau der Dispositionsstammdaten

DISPOSITION 1, DISPOSITION 2, DISPOSITION 3, DISPOSITION 4, PROGNOSE und ARBEITSVORBEREITUNG: Das sind die sechs Sichten, die in diesem Abschnitt beschrieben werden. Sie drehen sich um die Planung und Disposition und beinhalten Felder zur Steuerung Ihres operativen Tagesgeschäfts. Innerhalb dieser Sichten werden u. a. Entscheidungen darüber getroffen, ob ein Produkt beschafft oder produziert wird oder mit welchem Dispositionsverfahren gearbeitet werden soll. Ebenso wird hier etwa die Höhe des Sicherheitsbestands für die jeweiligen Artikel festgelegt.

Die Entscheidungen über solche Einträge können von Werk zu Werk variieren, daher sind die Felder in diesen Sichten in der Regel werksspezifisch.

☛ Vereinfachte Pflege mithilfe des Dispoprofils

Mithilfe des Dispoprofils (Transaktion *MMD1*) können Sie die meisten Felder der Dispositionssichten automatisch pflegen und aktualisieren. Nachdem Sie einen Schlüssel für das Profil festgelegt haben, wählen Sie im ersten Bild die FELDER aus, die Sie verwenden wollen. Dabei wird zwischen Festwerten und Vorschlagswerten unterschieden. Felder mit der Eigenschaft FESTWERT können bei der Materialstammpflege nicht geändert werden, sondern werden über eine Änderung der Werte im Profil aktualisiert. VORSCHLAGSWERTE sind dagegen bei der Materialstammpflege änderbar, werden jedoch bei Änderung der Werte im Profil nicht aktualisiert (siehe Abbildung 6.1).

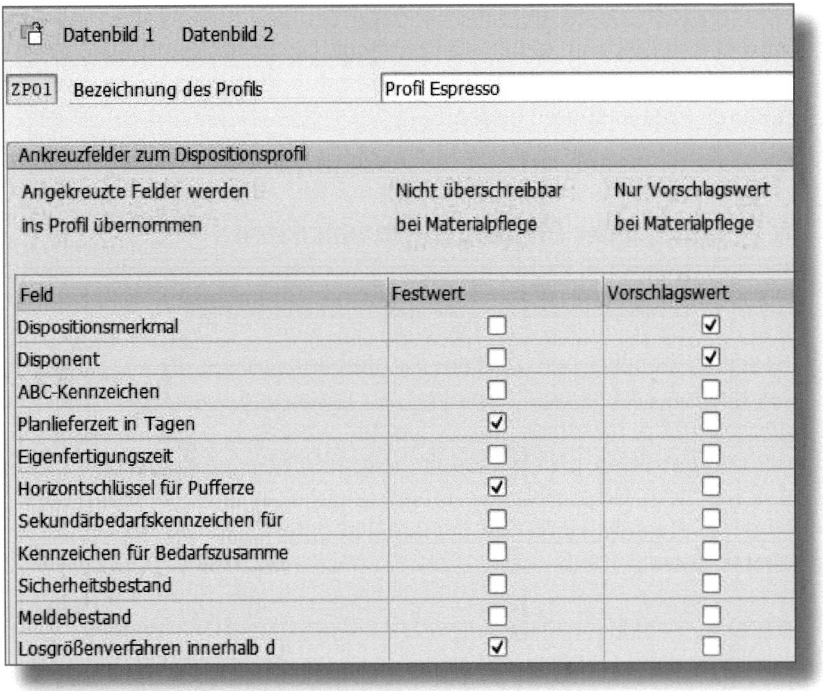

Datenbild 1 Datenbild 2

ZP01 Bezeichnung des Profils Profil Espresso

Ankreuzfelder zum Dispositionsprofil

Angekreuzte Felder werden ins Profil übernommen	Nicht überschreibbar bei Materialpflege	Nur Vorschlagswert bei Materialpflege

Feld	Festwert	Vorschlagswert
Dispositionsmerkmal	☐	☑
Disponent	☐	☑
ABC-Kennzeichen	☐	☐
Planlieferzeit in Tagen	☑	☐
Eigenfertigungszeit	☐	☐
Horizontschlüssel für Pufferze	☑	☐
Sekundärbedarfskennzeichen für	☐	☐
Kennzeichen für Bedarfszusamme	☐	☐
Sicherheitsbestand	☐	☐
Meldebestand	☐	☐
Losgrößenverfahren innerhalb d	☑	☐

Abbildung 6.1: Beispiel Dispoprofil

6.2 Sicht »Disposition 1«

Die Sicht DISPOSITION 1 (siehe Abbildung 6.2) beinhaltet die folgenden Segmente:

- ALLGEMEINE DATEN,
- DISPOVERFAHREN,

- LOSGRÖSSENDATEN und
- DISPOSITIONSBEREICHE.

Während in den allgemeinen Daten die Felder überwiegend informativen Charakter haben, geht es in den anderen drei Segmenten hauptsächlich um die tatsächliche Steuerung und Planung des Materials.

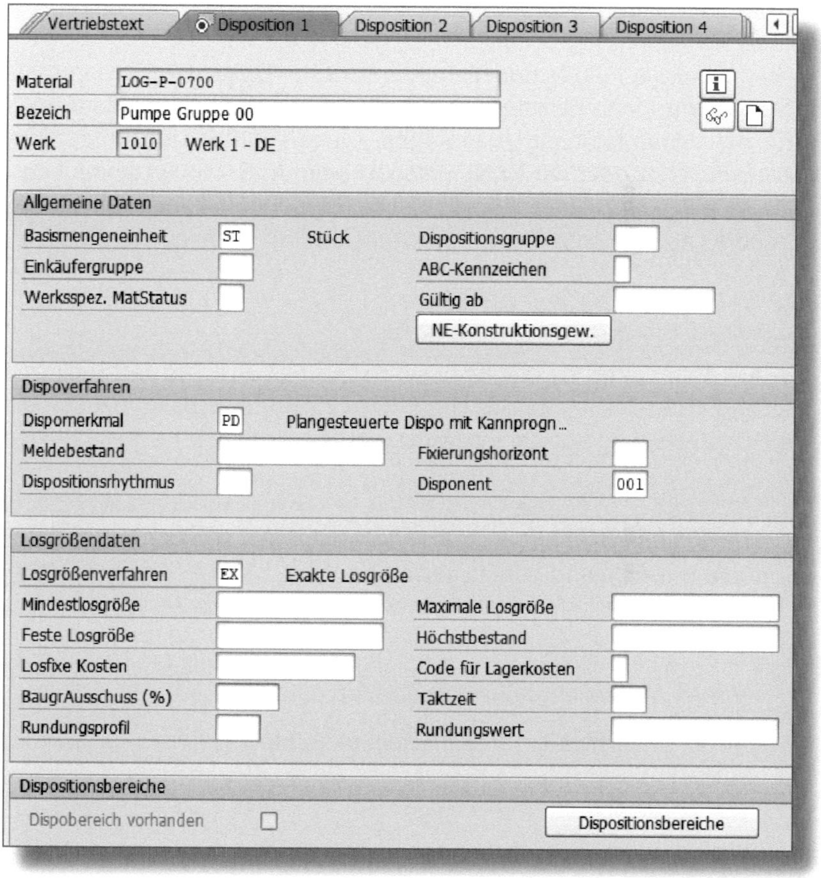

Abbildung 6.2: Sicht »Disposition 1«

6.2.1 Allgemeine Daten

BASISMENGENEINHEIT

Dieses Feld wurde bereits in Abschnitt 3.2.1 beschrieben. Mehr Informationen erhalten Sie dort.

DISPOSITIONSGRUPPE

Hiermit können Sie Materialien aus Sicht der Disposition zusammenfassen, um ihnen beispielsweise abweichende Steuerungsparameter für die Gesamtplanung zuzuordnen. Diese könnten der *Umterminierungshorizont* oder die BANF-Belegart sein. In S/4HANA kommt neu die Möglichkeit hinzu, abhängig von der Dispogruppe automatisch Dispobereichssegmente (siehe auch Abschnitt 6.2.4) anlegen zu lassen.

EINKÄUFERGRUPPE

Wie in Abschnitt 5.1.1 bereits beschrieben, gibt das Feld den Schlüssel eines Einkäufers an, der für bestimmte Einkaufstätigkeiten zuständig ist. Das Feld wird aus der Einkaufssicht übernommen.

ABC-KENNZEICHEN

Wie die Bezeichnung bereits vermuten lässt, können Sie ein Material nach seinem Bedarfs- oder Verbrauchswert gemäß der *ABC-Analyse* klassifizieren:

- *A* – Artikel mit hohem Bedarf/Verbrauch
- *B* – Artikel mit mittlerem Bedarf/Verbrauch
- *C* – Artikel mit geringem Bedarf/Verbrauch

Die Pflege des Feldes kann automatisch aus den Analysen MC40 (Verbrauchswerte) und MC41 (Bedarfswerte) erfolgen.

WERKSSPEZ. MATSTATUS

Sie finden die Beschreibung zu diesem und auch dem nächsten Feld GÜLTIG AB in Abschnitt 3.2.1.

6.2.2 Dispoverfahren

DISPOMERKMAL

An dieser Stelle geben Sie vor, wie das Material im betreffenden Werk geplant werden soll. SAP bietet im Standard bereits viele Möglichkeiten der Planung an. Nachfolgend einige gängige Verfahren:

- *ND – Keine Disposition:* Damit entscheiden Sie sich, generell keine Planung für dieses Material vorzunehmen. Egal ob sich Ihr Bedarf für dieses Material erhöht oder komplett verschwindet, das System würde an dieser Stelle überhaupt nicht reagieren und keine Elemente (Planaufträge, Bestellanforderungen, Lieferplaneinteilungen) erzeugen, um den Bedarf zu decken oder eventuelle Zugänge (Bestellungen oder Fertigungsaufträge) zur Stornierung vorzuschlagen. ND kommt auch zum Einsatz, wenn die Planung bei Ihnen in einem separaten Tool (z. B. *SAP IBP*) erfolgt.
- *PD – Plangesteuerte Disposition:* Dies ist das am meisten verwendete Verfahren in einem produzierenden Betrieb. Es plant das Material basierend auf tatsächlichen Bedarfen (Aufträge, Reservierungen etc.) bzw. dem Sicherheitsbestand und erzeugt, je nach Beschaffungsart, Planaufträge, Bestellanforderungen oder Lieferplaneinteilungen.
- *VB – Manuelle Bestellpunktdisposition:* Damit weisen Sie das System an, tatsächliche Bedarfe zu ignorieren und lediglich basierend auf dem Meldebestand zu planen. Das System würde in diesem Falle ein Zugangselement erzeugen, sobald der Bestand unter den Meldebestand fällt.
- *VM – Maschinelle Bestellpunktdisposition:* Wie bei dem Dispoverfahren VB ignoriert das System auch hier die tatsächlichen Bedarfe. Allerdings wird bei diesem Verfahren der Meldebe-

stand nicht manuell festgelegt, sondern basierend auf historischen Daten vom System im Rahmen der Prognose kalkuliert und aktualisiert.

- *VV – Stochastische Disposition:* Auch dieses Verfahren benötigt die Materialprognose. Die Prognosewerte werden als Prognosebedarf übernommen, sodass Sie bei der Planung alle Vorteile der plangesteuerten Disposition nutzen können.

Darüber hinaus gibt es noch viele weitere Dispomerkmale, die auf den oben beschriebenen Verfahren aufbauen. Sie können auch eigene Dispomerkmale im Customizing anlegen, wenn Sie kein für Ihr Unternehmen geeignetes finden.

MELDEBESTAND

Das System verlangt an dieser Stelle einen Eintrag, wenn Sie sich für das Dispositionsverfahren *VB* oder ein anderes Verfahren mit Meldebestand entscheiden. Hier tragen Sie manuell den Wert für den von Ihnen definierten Meldebestand ein. Bei der maschinellen Bestellpunktdisposition wird der Wert später mit jeder Prognose neu berechnet und im Materialstamm automatisch geändert.

FIXIERUNGSHORIZONT

Der Eintrag an dieser Stelle legt fest, in welchem Zeitraum vom System keine Änderungen der Planung vorgenommen werden sollen (eingefrorener Bereich).

Fixierungshorizont mit automatischen Bestellabrufen

Lieferpläne funktionieren ähnlich wie Bestellungen, allerdings sind Lieferpläne mehr als Abrufe aus einem Jahresvertrag bzw. Kontrakt zu verstehen. In einem gewissen Zeitraum geben Sie Ihrem Lieferanten die Freigabe zur Produktion und rufen lediglich aus dem produzierten Bestand ab. Sie könnten beispielsweise einen Fixierungshorizont von fünf Tagen verwenden, um dem Lieferanten fairerweise keine Änderungen in dem Zeitraum zu senden, in dem die Ware vielleicht schon versandbereit gemacht wurde oder gar schon zu Ihnen unterwegs ist. Für dieses Szenario bietet sich der Fixierungshorizont an.

DISPOSITIONSRHYTHMUS

Wenn Sie sich bei dem Dispomerkmal für die *rhythmische Disposition* entscheiden (Dispomerkmal *R1*), können Sie an dieser Stelle den Dispositionsrhythmus in Form eines Planungskalenders hinterlegen. Damit bestimmen Sie, an welchen Tagen das Material am Planungslauf teilnehmen soll.

DISPONENT

Dies ist der Schlüssel des Disponenten, der diesem Material werksspezifisch zugeordnet ist. Je nachdem, wie Ihre Organisation aufgebaut ist, können Disponent und Einkäufer ein und dieselbe Person sein, oder aber es handelt sich um einen Kollegen mit anderer Funktion bzw. aus einem anderen Bereich.

Nutzung des Feldes »Disponent«

Wenn Sie in Ihrem Unternehmen wenige Einkäufer haben, auf die viele Artikel verteilt sind, kann der DISPONENT genutzt werden, um gewisse Produkte zu gruppieren. Dies könnte die Selektion der zu disponierenden Artikel erleichtern. Nutzen Sie dieses Feld, um Artikel nach Kategorien zu clustern. Sie könnten beispielsweise alle Verpackungen, Kleinteile, Granulate oder Lacke in separate Disposchlüssel unterteilen. In SAP S/4HANA können Sie alternativ die Einkaufskategorien zur Unterscheidung verwenden.

Ein weiterer Anwendungsfall könnte sein, dass in Ihrem Unternehmen eine zweistufige Produktionsplanung eingesetzt wird. Sie haben den Disponenten, der die Planaufträge in Fertigungsaufträge umwandelt und dabei bereits die Komponentenverfügbarkeit prüft,

> und Sie haben einen Produktionsplaner, der die Fertigungsaufträge tatsächlich in die Produktion und die freien Kapazitäten einplant.
>
> Sie können den Disponenten also in vielerlei Hinsicht, je nach Organisation, nutzen.

6.2.3 Losgrößendaten

Losgrössenverfahren

Mit diesem Feld legen Sie fest, nach welchem Losgrößenverfahren die zu beschaffende oder zu produzierende Menge errechnet wird. Die von SAP angebotenen Selektionsmöglichkeiten reichen von der exakten Losgrößenberechnung *EX*, wie in Abbildung 6.2 eingetragen, über die feste *FX*, die periodische *WB/MB* bis hin zur optimalen Losgröße *WI*. Sie können entweder über die Rundungswerte die Mengen immer auf die nächste volle Verpackungseinheit aufrunden oder aber nur die Mindestlosgröße berücksichtigen lassen. Die Materialplanung lässt sich aber auch über die maximale Losgröße oder unter Berücksichtigung des Höchstbestands durchführen.

Mindestlosgrösse

Der hier eingetragene Wert ist die kleinste erlaubte Menge bei einem Beschaffungsvorgang. Diese Menge darf nicht unterschritten werden und wird bei der Anlage von Planaufträgen und Bestellanforderungen berücksichtigt.

Maximale Losgrösse

Analog zur Mindestlosgröße ist dies die maximal erlaubte Menge bei einem Beschaffungsvorschlag. Ist der tatsächliche Bedarf höher als die maximale Losgröße, werden so viele Beschaffungselemente erzeugt, bis der Bedarf damit gedeckt ist.

Beispiel für maximale Losgröße

Für den Winterdienst benötigen die Autobahnmeistereien Streusalz. Dieses wird per Lkw an die einzelnen Lagerstätten geliefert. Da ein Lkw in der Regel nur 25 Tonnen transportieren kann, werden 25 Tonnen als maximale Losgröße festgelegt. Somit kann dann je Beschaffungsvorschlag eine Bestellung angelegt und einem geeigneten Spediteur zugeordnet werden.

FESTE LOSGRÖSSE

Wenn alle Beschaffungsvorschläge die gleiche Menge haben sollen, verwenden Sie die feste Losgröße. Reicht ein Beschaffungsvorschlag nicht aus, werden so lange weitere erzeugt, bis der Bedarf vollständig gedeckt ist.

HÖCHSTBESTAND

Bei diesem Wert handelt es sich um die maximal erlaubte Lagermenge eines Materials für das Werk. Das Feld wird nur im Zusammenhang mit dem LOSGRÖSSENVERFAHREN *HB – Auffüllen bis Höchstbestand* verwendet.

LOSFIXE KOSTEN

Losfixe Kosten kommen bei den optimierenden Losgrößenverfahren zum Einsatz. Typischerweise sind dies bei einem Fertigungsauftrag die Rüstkosten.

CODE FÜR LAGERKOSTEN

Auch dieses Feld kommt nur bei den optimierenden Losgrößenverfahren zum Einsatz. Je Werk können Sie für den Code im Customizing einen kalkulatorischen Zinssatz hinterlegen.

BAUGRAUSSCHUSS (%)

Wenn Sie für ein Produkt einen wiederkehrenden *Ausschuss* haben und das Material eine *Baugruppe* ist, so können Sie an dieser Stelle den maximal zulässigen Prozentwert an Ausschuss eintragen. Dieser erhöht anschließend den Bedarf um die eingetragene Höhe. Wenn Sie z. B. einen Bedarf von 100 Stück haben und einen Ausschuss von zehn Prozent hinterlegen, so wird das System mit einem Bedarf von 110 Stück planen.

TAKTZEIT

Sofern Sie aus Kapazitätsgründen die Bedarfsmenge nicht auf einmal beschaffen können, wird die Taktzeit (in Arbeitstagen) genutzt, um die Zugänge entsprechend zeitlich versetzt einzuplanen. Dazu ist ein Losgrößenverfahren erforderlich, in dem eine Überlappung zulässig ist – im Standard ist dies beispielsweise bei der festen Losgröße mit Splittung *(FS)* der Fall.

RUNDUNGSPROFIL

Wie in Abschnitt 4.2.3 bereits beschrieben, bietet das Rundungsprofil eine noch umfangreichere Möglichkeit, die Mengen zu beeinflussen. Es ist an dieser Stelle ebenfalls verfügbar, da es sowohl im Vertriebsprozess als auch im Beschaffungs- und Produktionsprozess verwendet werden kann. Mithilfe des Rundungsprofils können Sie z. B. Preis-/ Mengenstaffeln optimal nutzen.

> **! Gefahren beim Rundungsprofil**
>
> Verwenden Sie das Rundungsprofil bitte nie in Verbindung mit dem Losgrößenverfahren *HB – Auffüllen bis zum Höchstbestand*, da das Rundungsprofil den Höchstbestand ignoriert und übersteuert.

RUNDUNGSWERT

Wenn Ihr Bedarf geringer ist als der hier eingetragene Wert, wird das System das Zugangselement (Planauftrag oder Bestellanforderung) auf diesen Wert oder ein Vielfaches davon aufrunden.

6.2.4 Dispositionsbereiche

DISPOSITIONSBEREICHE

Wenn Sie im Customizing *Dispositionsbereiche* angelegt haben, können Sie je Bereich eigene Dispositionsdaten hinterlegen. Sie fragen sich vielleicht, wieso Sie das tun sollten. Dafür kann es mehrere Gründe geben:

Nehmen wir einmal an, Sie haben einen Hauptdispositionsbereich, in dem Sie üblicherweise alle Bedarfe und Bestände sehen, und richten nun einen weiteren Dispositionsbereich ein, der Ihnen nur besondere Bedarfe anzeigt, die separat geplant werden sollen. Dies könnten beispielsweise Ersatzteile sein. In dem zusätzlichen Dispositionsbereich haben Sie die Möglichkeit, andere Dispoverfahren und Losgrößendaten zu hinterlegen, und können eine abweichende Entscheidung treffen, wie dieser Bereich versorgt werden soll: Soll direkt hineingefertigt oder -geliefert werden oder soll er per Umlagerungen aus dem Werksdispositionsbereich versorgt werden?

Ebenso verhält es sich bei Beschaffung über Lohnbearbeitung. Mithilfe eines Dispositionsbereichs für Lohnbearbeiter können Sie die Bedarfe des Lohnbearbeiters getrennt von Ihren eigenen Bedarfen planen.

Nutzung eines Dispositionsbereichs

Ein Unternehmen stellt Smartphones her. Dazu werden Displays benötigt. Geht bei einem Kunden das Display kaputt, schickt er es zur Reparatur ein. Die Reparaturabteilung hat hierfür einen eigenen Lagerort, der als Dispositionsbereich abgebildet ist. In diesem ist hinterlegt, dass bei Unterschreitung eines Bestands von 500 Stück wieder 1.000 Displays vom Hauptlager an die Reparaturabteilung umgelagert werden sollen. Somit ist sichergestellt, dass in der Reparaturabteilung immer genügend Displays vorrätig sind, unabhängig vom Bedarf für die Serienproduktion.

Dispositionsbereiche in SAP S/4HANA

In SAP ECC mussten die Dispobereichsdaten manuell oder über den Report RMMDDIBE angelegt werden. SAP S/4HANA bietet die Möglichkeit, Dispobereichssegmente automatisch erzeugen zu lassen, wenn ein Material auf einen Lagerort eines Lagerortdispositionsbereichs gebucht oder wenn die Lagerortsicht für einen Lagerort eines Lagerortdispositionsbereichs angelegt wird. Dafür wird im Customizing des Lagerortdispositionsbereichs ein Dispobereichsprofil zugeordnet und das Kennzeichen *Materialien automatisch zuordnen* gesetzt.

6.3 Sicht »Disposition 2«

Dieser Bereich (siehe Abbildung 6.3) setzt sich aus drei Segmenten zusammen:

- BESCHAFFUNG,
- TERMINIERUNG und
- NETTOBEDARFSRECHNUNG.

Während Sie im Segment BESCHAFFUNG festlegen, ob das Produkt fremdbeschafft oder selbst produziert wird, ermöglicht Ihnen das Segment TERMINIERUNG, die Wiederbeschaffungszeit zu hinterlegen. In der NETTOBEDARFSRECHNUNG kann u. a. der SICHERHEITSBESTAND eingetragen werden.

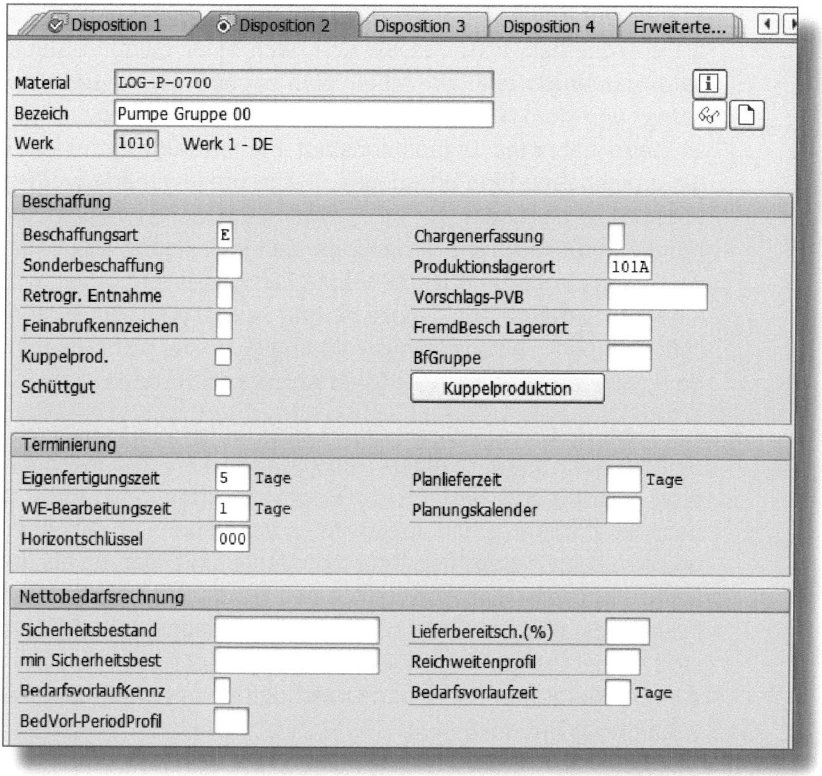

Abbildung 6.3: Sicht »Disposition 2«

6.3.1 Beschaffung

BESCHAFFUNGSART

Die Beschaffungsart wird aus der Materialart abgeleitet. Sofern dort nur eine einzige Beschaffungsart erlaubt ist, wird diese angezeigt und kann nicht geändert werden. Nur wenn die Materialart sowohl Eigenfertigung als auch Fremdbeschaffung zulässt (z. B. bei Materialart HALB), wird zunächst das Beschaffungskennzeichen *X* angezeigt. Dieses können Sie belassen oder ändern. Die folgenden drei Auswahlmöglichkeiten sind in diesem Fall gegeben:

- *E – Eigenfertigung:* Sofern Sie sich für diese Beschaffungsart entscheiden, wird das System nach einer gültigen Stückliste und einem gültigen Arbeitsplan suchen. Wenn diese angelegt und dem Material entsprechend zugeordnet sind, wird es beim nächsten Dispositionslauf Planaufträge generieren, die anschließend in Fertigungsaufträge umgewandelt werden können. Je nachdem, ob Sie Fertigungsversionen verwenden, müssen Stückliste und Arbeitsplan den jeweiligen Fertigungsversionen zugeordnet werden. Eine Fertigungsversion ist also eine Kombination aus Stückliste und Arbeitsplan. Sie ermöglicht es Ihnen – beispielsweise abhängig von der Auftragsmenge –, verschiedene Fertigungsverfahren anzuwenden.
- *F – Fremdbeschaffung:* Bei dieser Beschaffungsart sucht das System nach einer gültigen Bezugsquelle für Fremdbeschaffung (Quotierung, Orderbuch, Rahmenvertrag, Infosatz). Je nach Ihrer Systemeinstellung wird es beim nächsten Dispositionslauf einen Planauftrag oder eine Bestellanforderung als Beschaffungsvorschlag erzeugen, den bzw. die Sie anschließend in eine Bestellung umsetzen können. Bei Planung mit MRP Live sind keine Planaufträge mehr möglich. Mehr Informationen zu den Themen Infosatz und Orderbuch finden Sie in den Abschnitten 5.1 und 5.3.
- *X – Beide Beschaffungsarten:* In diesem Fall wird das System beim nächsten Dispositionslauf zunächst einen Planauftrag erzeugen, und erst beim anschließenden Umsetzen muss entschieden werden, ob ein Fertigungsauftrag oder eine Bestellanforderung angelegt werden soll.

CHARGENERFASSUNG

Dieses Kennzeichen steuert, zu welchem Zeitpunkt die Chargen beim Fertigungsprozess bestimmt werden müssen. Es bezieht sich auf die Komponenten eines Auftrags und nicht auf das zu fertigende Endprodukt. Sie haben die Möglichkeit, zwischen automatischer *(3)* und manueller Zuordnung *(1)* bei Auftragsfreigabe oder aber manueller Zuordnung beim Warenausgang (kein Eintrag) bzw. vor dem Warenausgang *(2)* zu wählen.

SONDERBESCHAFFUNG

Dieses Feld ermöglicht eine detailliertere Angabe über die Beschaffungsart. Im Standard bietet Ihnen SAP bereits eine Vielzahl von Selektionsmöglichkeiten. Von Konsignation *(K)* über Umlagerung *(U)* bis hin zu Lohnbearbeitung *(L)* können Sie die Beschaffungsart noch präziser definieren. Die Sonderbeschaffungsarten lassen sich Ihren Anforderungen gemäß im Customizing erweitern.

Sonderbeschaffungsart »Lohnbearbeitung«

Das Unternehmen Huber vertreibt ein medizinisch relevantes Produkt, hat aber nicht die Technologie, um das Endprodukt den Anforderungen gemäß zu sterilisieren. Daher beauftragt es Lohnbearbeiter Fischer, die Sterilisierung durchzuführen. Die Abwicklung zwischen dem Unternehmen Huber und dem Lohnbearbeiter Fischer findet per Lohnbearbeitungsbestellung statt. In diesem Prozess stellt das Unternehmen Huber dem Lohnbearbeiter Fischer das unsterile Produkt zur Verfügung und löst anschließend eine Lohnbearbeitungsbestellung aus. Diese enthält eine Stückliste mit dem unsterilen Produkt und einen Liefertermin für das sterile Endprodukt, der gemäß der Planlieferzeit (Dauer der Sterilisation und Rücktransport) kalkuliert ist. Mit dem Sonderbeschaffungsschlüssel *30* wird dieser Lohnbearbeitungsprozess aktiviert und im Rahmen der Bedarfsplanung eine Lohnbearbeitungsbestellanforderung (Positionstyp »L«) erzeugt.

Voraussetzung für die Erstellung von Lohnbearbeitungsbestellanforderungen ist eine gültige Stückliste für das zu beschaffende Material. Sie beinhaltet die Komponenten, die dem Lohnbearbeiter beigestellt werden müssen.

Im Dispositionsbereich können Sie als Sonderbeschaffung auch *Umlagerung vom Werk an Dispobereich (45)* auswählen. Damit wird bei Bedarfsunterdeckung im Planungslauf eine Umlagerungsreservierung angelegt. Diese ist im Dispobereich ein Zugangselement und im Werk ein Abgangselement.

Eine Umlagerung zwischen zwei Dispositionsbereichen ist im Standard nicht möglich. Lediglich Branchenlösungen wie Defense Forces & Public Security (DFPS) erlauben diese Art der internen Materialversorgung.

PRODUKTIONSLAGERORT

In diesem Feld wird der Lagerort eingetragen, der bei eigengefertigten Produkten in die Plan- und Fertigungsaufträge übernommen wird. Er legt fest, wo das gefertigte Produkt landen soll, nachdem die Wareneingangsbuchung auf dem Fertigungsauftrag erfolgt ist.

Bei Komponenten ist dies der Lagerort, von dem das Material retrograd entnommen wird.

RETROGR. ENTNAHME

Unter *retrograder Entnahme* versteht man die Verbrauchsbuchung einer Komponente im Zuge der Rückmeldung eines Fertigungsauftrags. Mit der Auswahl in diesem Feld entscheiden Sie darüber, ob die retrograde Entnahme für dieses Material generell stattfinden soll oder ob der Arbeitsplatz darüber bestimmt.

Retrograde Entnahme

Unser Unternehmen hat Kunststoffteile in der eigenen Spritzerei hergestellt. Das Kunststoffgranulat hierfür war in großen Behältern vorrätig; es hätte keinen Sinn ergeben, das Granulat auftragsbezogen im Lager zu kommissionieren. Stattdessen wurden immer ganze Behälter in die Spritzerei umgelagert. Nach Rückmeldung der gefertigten Teile wurde vom System anhand der Stückliste der Materialverbrauch errechnet und automatisch abgebucht. Dieses Verfahren wird als retrograde Entnahme bezeichnet.

VORSCHLAGS-PVB

Der *Produktionsversorgungsbereich (PVB)* wird als Pufferlager in der Fertigung dazu genutzt, Material direkt für die Produktion bereitzustellen. Das Feld wird im Zuge der Kanban-Steuerung verwendet und dient in erster Linie als Vorschlagswert für dieses Material.

FEINABRUFKENNZEICHEN

Dieses Feld befindet sich auch unter SONSTIGE DATEN/HERSTELLERDATEN in der Einkaufssicht; genauere Informationen hierzu entnehmen Sie bitte Abschnitt 5.1.3.

FREMDBESCH LAGERORT

Bei fremdbeschafften Artikeln wird hier der Schlüssel für den Empfangslagerort eingetragen. Das System verwendet ihn in Bestellanforderungen als Vorschlagswert. Falls dieser Lagerort eine vom Werk abweichende Adresse hat, wird diese in Bestellungen als Anlieferadresse gedruckt.

KUPPELPROD.

Mit diesem Kennzeichen erlauben Sie, dass ein Material als *Kuppelprodukt* verwendet werden kann. So bezeichnet man die während eines Produktionsverfahrens anfallenden Nebenprodukte, die zusätzlich zum Hauptprodukt entstehen, beispielsweise Molke bei der Käseproduktion.

BFGRUPPE

Gemeinsam mit der Bestandsfindungsregel bildet die Bestandsfindungsgruppe die Bestandsfindungsstrategie auf Werksebene. Diese steuert wiederum die materialbezogene Bestandsfindung, wenn im Prozess (z. B. Warenausgang) kein Lagerort für die Entnahme vorgegeben ist. Die Einstellungen zur Bestandsfindung werden im Customizing vorgenommen.

Beispiel Bestandsfindung

Elektrohändler Fritz verkauft Batterien. Diese bezieht er von verschiedenen Lieferanten. Lieferant Sunny hat sich bereit erklärt, die Batterien auch als Konsignationsware zur Verfügung zu stellen. Da diese jedoch dann teurer als bei anderen Lieferanten sind, sollen beim Warenausgang zunächst die bereits bezahlten Batterien der anderen Lieferanten entnommen werden. Fritz legt daher eine Bestandsfindungsstrategie an, die besagt, dass zunächst die eigenen Bestände entnommen werden; nur wenn diese nicht ausreichen, wird auf den Konsignationsbestand von Sunny zurückgegriffen.

SCHÜTTGUT

Als Schüttgut werden lose Materialien bezeichnet, die in der Regel verbrauchsgesteuert disponiert werden und somit nicht in die Nettobedarfsrechnung eingehen. Das Kennzeichen an dieser Stelle ist ein Indikator dafür, dass das Material direkt am Arbeitsplatz zur Verfügung steht und nicht auftragsbezogen kommissioniert werden muss.

6.3.2 Terminierung

EIGENFERTIGUNGSZEIT

In diesem Feld geben Sie die Anzahl an Tagen an, die in der Eigenfertigung benötigt werden, um das Produkt herzustellen. Sie ist als losgrößenunabhängig definiert. Diese Angabe berücksichtigt den in Ihrem Werk hinterlegten Fabrikkalender und erfolgt demnach in Arbeitstagen. Für die Terminierung von Fertigungsaufträgen wird diese Zeit jedoch nicht berücksichtigt. Stattdessen wird die Zeit abhängig von der Auftragsmenge und den Bearbeitungszeiten im Arbeitsplan berechnet.

PLANLIEFERZEIT

Über dieses Feld definieren Sie die Anzahl an Kalendertagen, die benötigt werden, um ein fremdbeschafftes Material zu beziehen. Sofern im Planungslauf eine Bezugsquelle gefunden wird, hat jedoch die Planlieferzeit der Bezugsquelle Priorität.

WE-BEARBEITUNGSZEIT

Dies ist die Anzahl an Tagen, die benötigt werden, um den Wareneingang durchzuführen. Dazu zählen die Prüfung und Einlagerung nach Anlieferung des Materials. Mehr Informationen zur WE-Bearbeitungszeit finden Sie in Abschnitt 5.1.3.

PLANUNGSKALENDER

An dieser Stelle können Sie einen Planungskalender für die Terminierung eintragen. Beispielsweise lässt sich mithilfe dieses Kalenders ein fester Anliefertag eines Lieferanten vorsehen. Der Planungskalender wird bei der rhythmischen Disposition automatisch berücksichtigt. Bei plangesteuerter Disposition dagegen funktioniert die Terminierung nur in Verbindung mit einem Losgrößenverfahren nach Planungskalender (z. B. *PK*).

Abwicklung über den Planungskalender

Sie beschaffen ein Material in Fernost. Die Lieferung erfolgt per Schiff. Da die Schiffe einen festen Fahrplan haben, können Sie einen Planungskalender anlegen, in dem die Abfahrts- oder Ankunftstage hinterlegt sind, und diesen Kalender im Materialstamm eintragen. Die Terminierung der Beschaffungsvorschläge erfolgt dann nur auf die im Kalender enthaltenen Tage bzw. Perioden.

HORIZONTSCHLÜSSEL

Mit diesem Schlüssel (z. B. *001*) legen Sie die für die Terminierung eines Auftrags benötigten Pufferzeiten fest. Dazu zählen die folgenden, zuvor im Customizing gepflegten Pufferzeiten:

- *Eröffnungshorizont:* Anzahl an Arbeitstagen, die vom Starttermin (auch Eckstarttermin genannt) abgezogen werden, um den Auftragseröffnungstermin zu bestimmen. Diese Zeit dient dem Disponenten als Pufferzeit, um einen Planauftrag in eine Bestellanforderung oder einen Fertigungsauftrag umzusetzen.
- *Sicherheitszeit:* Anzahl an Tagen, die als Puffer zwischen dem terminierten Ende und dem Endtermin (auch Eckendtermin genannt) eines Fertigungsauftrags geplant sind. Dies gilt nur für eigengefertigte Produkte und wird in Arbeitstagen gerechnet.
- *Vorgriffszeit:* Anzahl an Tagen, die als Puffer zwischen dem terminierten Starttermin und dem Eckstarttermin eines Fertigungsauftrags geplant sind. Dies gilt nur für eigengefertigte Produkte und wird in Arbeitstagen gerechnet.
- *Freigabehorizont:* Anzahl an Tagen, die zwischen dem geplanten Starttermin und der tatsächlichen Auftragsfreigabe zum Fertigungsstart eines Auftrags geplant sind. Auch dieser Parameter ist nur für eigengefertigte Produkte gültig und wird in Arbeitstagen berechnet.

6.3.3 Nettobedarfsrechnung

SICHERHEITSBESTAND

Der Sicherheitsbestand dient dazu, Verzögerungen im Produktions-/ Beschaffungsprozess oder Mehrverbräuche aufzufangen. Sie können ihn manuell eingeben oder mithilfe der Prognose automatisch berechnen lassen. Bei plangesteuerten Materialien ist der Sicherheitsbestand ein eigenständiges Bedarfselement. Bei verbrauchsgesteuerten Materialien müssen Sie den hier festgelegten Sicherheitsbestand in den Meldebestand einrechnen

LIEFERBEREITSCH. (%)

Dieses Feld dient dem System zur Errechnung des Sicherheitsbestands im Rahmen der Prognose. Je größer dieser Wert ist, desto höher kalkuliert das System den Sicherheitsbestand. Der Wert muss größer als 50 und kleiner als 100 sein.

MIN SICHERHEITSBEST

Dies ist die von Ihnen vorgegebene *Mindestmenge* des *Sicherheitsbestands*. Wenn Ihr System bei der Prognose einen Sicherheitsbestand kalkuliert, der unterhalb dieses Werts liegt, wird der Mindestsicherheitsbestand verwendet. Ohne Prognose hat dieses Feld keine Bedeutung.

REICHWEITENPROFIL

Mit diesem Profil können Sie die Berechnung des dynamischen Sicherheitsbestands beeinflussen. Beispiel: Der Sicherheitsbestand soll so hoch sein, dass er im ersten Monat mindestens fünf Tage, im zweiten Monat geringstenfalls acht und danach mindestens zehn Tage reicht, um alle Bedarfe zu decken.

BEDARFSVORLAUFKENNZ

Mithilfe dieses Schlüssels können Sie bei der Bedarfsplanung für das Material den *Bedarfsvorlauf* einschalten. Dieser bewirkt, dass die Bedarfe um die festgelegte Anzahl an Tagen terminlich vorgezogen werden. Sie haben an dieser Stelle die Möglichkeit, den Bedarfsvorlauf für Primärbedarfe *(1)* oder für alle Bedarfe *(2)* zu berücksichtigen.

☛ Arbeiten mit dem Bedarfsvorlauf

Den Bedarfsvorlauf können Sie verwenden, um ein Material früher als benötigt am Lager zu haben – entweder durch Fremdbeschaffung oder mittels Eigenfertigung, je nach eingestellter Beschaffungsart. Wenn die Fertigungsplanung die Fertigungsaufträge teilweise vorziehen muss, um eine Bedarfsspitze abzufangen, kann mithilfe des Bedarfsvorlaufs sichergestellt werden, dass das Material bereits zur Verfügung steht, um den Fertigungsauftrag bedienen zu können. Es gibt durchaus Beispiele aus der Praxis, in denen die Planung die Aufträge bis zu zwei Wochen vorterminiert, um die Bedarfe zu nivellieren. Wenn also auf den Komponenten ein Bedarfsvorlauf in dieser Größenordnung eingestellt wird, liefert man das Material bereits zwei Wochen vor dem Bedarf ans Lager. Auf diese Weise ist sichergestellt, dass die Komponenten verfügbar sind, selbst wenn die Fertigungsplanung ihren Fertigungsauftrag um eine oder zwei Wochen vorzieht.

BEDARFSVORLAUFZEIT

An dieser Stelle definieren Sie die Anzahl der als Bedarfsvorlauf gewünschten Tage (in Arbeitstagen). Die Bedarfsvorlaufzeit ist somit mehr oder weniger eine Sicherheitszeit und eine Alternative zum Sicherheitsbestand. In der Praxis sollten Sie sich daher nur für eine der beiden Möglichkeiten entscheiden: Sicherheitsbestand oder Bedarfsvorlaufzeit.

BEDVORL-PERIODPROFIL

Um saisonal bedingte Bedarfsschwankungen abzufangen, können Sie für frei definierbare Perioden eine abweichende Bedarfsvorlaufzeit vorgeben. Mithilfe des *Periodenprofils* für den *Bedarfsvorlauf* können Sie auch untertägige Bedarfsvorlaufzeiten (z. B. 3,5 Tage) abbilden.

6.4 Sicht »Disposition 3«

Die Sicht DISPOSITION 3 (siehe Abbildung 6.4) besteht aus den Segmenten

- PROGNOSEBEDARFE,
- VORPLANUNG,
- VERFÜGBARKEITSPRÜFUNG und
- WERKSSPEZIFISCHE KONFIGURATION.

Die Felder der Segmente PROGNOSEBEDARFE und VORPLANUNG helfen Ihnen bei der Planung und Verrechnung von Planprimärbedarfen. Hier entscheiden Sie u. a., wie Planprimärbedarfe zu verrechnen sind und welche Perioden berücksichtigt werden.

Beispiel Vorplanung für Staubsauger

Staubsaugerproduzent Vogt rechnet für Modell A mit Auftragseingängen in Höhe von 5.000 Stück pro Monat und stellt diese Menge als Planprimärbedarf ein. Für die Verrechnung hat er *Rückwärts/Vorwärts* ausgewählt. Wenn nun ein Kundenauftrag erfasst wird, prüft das System zunächst, ob noch Planprimärbedarfe aus der Vergangenheit im System vorhanden sind. Falls ja, werden diese abgebaut. Gibt es keine Planprimärbedarfe aus der Vergangenheit oder reichen diese nicht aus, um den Kundenauftrag zu decken, werden die Planprimärbedarfe aus der Zukunft abgebaut. Durch die Vorplanung ist Vogt immer lieferfähig und kann seine Kapazitäten langfristig planen.

Im Segment der VERFÜGBARKEITSPRÜFUNG geben Sie dem System vor, wie z. B. die Ermittlung des Liefertermins an den Endkunden erfolgen soll. Im letzten Segment dieser Sicht geht es um die Konfiguration eines Produkts.

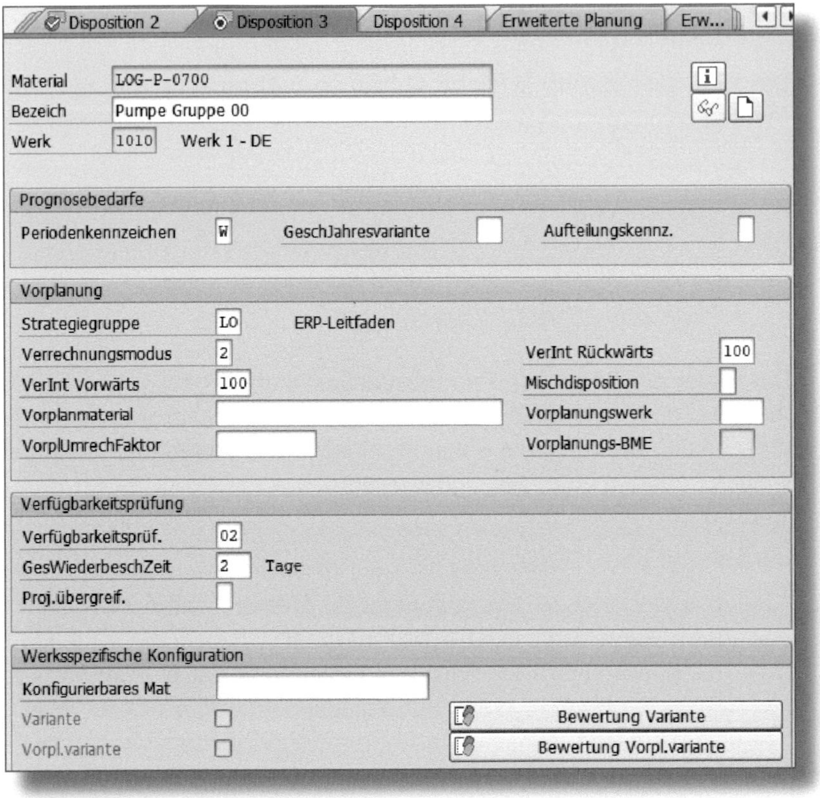

Abbildung 6.4: Sicht »Disposition 3«

6.4.1 Prognosebedarfe

PERIODENKENNZEICHEN

Wenn Sie mit Prognosen arbeiten, entscheiden Sie an dieser Stelle, in welchem Intervall die Verbrauchs- und Prognosewerte des Materials geführt werden. Sie können zwischen täglichen *(T)*, wöchentlichen *(W)* oder monatlichen *(M)* Perioden wählen. Darüber hinaus lassen sich persönliche Varianten customizen, die auf Ihre Organisation zugeschnitten sind. In der Industrie ist der Monat als Periode am weitesten verbreitet, im Handel dagegen die Woche.

GESCHJAHRESVARIANTE

Mit diesem Schlüssel legen Sie die *Geschäftsjahresvariante* fest. Sie bestimmt darüber, wie viele Buchungsperioden ein Geschäftsjahr hat, wie viele Sonderperioden Sie benötigen und wie das System die Buchungsperioden ermitteln soll.

AUFTEILUNGSKENNZ.

Dieses Kennzeichen legt fest, wie das System bei stochastischer Disposition den Prognosebedarf in kleinere Zeitintervalle aufteilt und wie lange die Prognosebedarfe dispositiv wirksam sein sollen. Sie könnten beispielsweise bei monatlichen Prognosebedarfen festlegen, dass diese für die ersten beiden Prognoseperioden auf Tagesbedarfe und für die darauffolgenden drei Prognoseperioden auf Wochenbedarfe heruntergebrochen werden sollen. Daran anschließend sollen noch weitere vier Perioden mit dem Monatsbedarf dispositiv wirksam sein.

6.4.2 Vorplanung

STRATEGIEGRUPPE

Über diesen Schlüssel fassen Sie die für ein Material möglichen Planungsstrategien zusammen. Im SAP-Standard wird bereits ein breites Spektrum an Strategiegruppen ausgeliefert. Diese reichen von anonymer Lagerfertigung *(11)* über Losfertigung *(30)*, Vorplanung mit oder ohne Endmontage (*41* bzw. *50*) bis hin zur Variantenvorplanung *(54)*. Wenn Sie sich allerdings in einem komplexeren Planungsszenario befinden, können Sie darüber hinaus auf Sie zugeschnittene Planungsstrategien im Customizing definieren.

VERRECHNUNGSMODUS

An dieser Stelle legen Sie fest, ob und wie die Vorplanbedarfe gegen tatsächliche Kundenbedarfe verrechnet werden sollen. Sie können wählen zwischen:

- *1 – Ausschließlich Rückwärtsverrechnung:* Vorplanbedarfe, die **vor** der Periode eines Kundenauftrags oder einer Reservierung liegen, werden vom System verrechnet, insofern beispielsweise ein neuer Kundenauftrag angelegt wird.
- *2 – Rückwärts-/Vorwärtsverrechnung:* Bei Anlage eines neuen Kundenauftrags werden zunächst die offenen Vorplanbedarfe aus vergangenen Perioden verrechnet, bevor die Vorplanbedarfe aus zukünftigen Perioden herangezogen werden.
- *3 – Ausschließlich Vorwärtsverrechnung:* Nur Vorplanbedarfe, die **nach** der Periode eines Kundenauftrags oder einer Reservierung liegen, werden vom System verrechnet, insofern beispielsweise ein neuer Kundenauftrag angelegt wird.
- *4 – Vorwärts-/Rückwärtsverrechnung:* Bei Anlage eines neuen Kundenauftrags werden zunächst die offenen Vorplanbedarfe aus zukünftigen Perioden verrechnet, bevor die Vorplanbedarfe aus vergangenen Perioden betrachtet werden.
- *5 – Periodengenaue Verrechnung:* Bei der periodengenauen Verrechnung werden Kundenaufträge, Sekundärbedarfe oder Materialreservierungen mit Planprimärbedarfen innerhalb derselben Periode verrechnet.

VERINT RÜCKWÄRTS

Das *Verrechnungsintervall rückwärts* ist die Anzahl an Arbeitstagen, die das System bei der Rückwärtsverrechnung betrachten soll.

VERINT VORWÄRTS

Verrechnungsintervall vorwärts beschreibt die Anzahl an Arbeitstagen, die das System bei der Vorwärtsverrechnung betrachten soll.

MISCHDISPOSITION

Dieses Feld können Sie nutzen, um festzulegen, wie eine Baugruppenvorplanung erfolgen soll. Sie haben die Wahl zwischen der Baugruppenvorplanung *mit Endmontage*, *ohne Endmontage* oder der *Bruttoplanung*.

VORPLANMATERIAL

Hier geben Sie die Nummer des Materials an, mit dessen Planprimärbedarf der Kundenbedarf des vorliegenden Materials verrechnet werden soll. Das Vorplanmaterial spielt nur bei der Planungsstrategie *Vorplanung mit Vorplanmaterial* eine Rolle.

VORPLANUNGSWERK

Dieses Feld wird im Zusammenhang mit dem Feld VORPLANMATERIAL verwendet. Der hier eingetragene Schlüssel gibt an, aus welchem Werk das Vorplanmaterial stammt.

VORPLUMRECHFAKTOR

An dieser Stelle wird der Faktor eingetragen, mit dem das System die Basismengeneinheit des aktuellen Materials in die des Vorplanmaterials umrechnet. Eine Eingabe ist nur dann erforderlich, wenn Sie eine andere Umrechnung wünschen, als sie vom System ermittelt wird.

VORPLANUNGS-BME

Die *Basismengeneinheit* des *Vorplanmaterials* wird an dieser Stelle angezeigt, sie ist nicht änderbar.

6.4.3 Verfügbarkeitsprüfung

VERFÜGBARKEITSPRÜF.

Mit diesem Feld wird gesteuert, wie das System die Verfügbarkeit eines Materials ermittelt und Bedarfe erzeugt. Nähere Informationen hierzu entnehmen Sie bitte Abschnitt 4.4.1.

GESWIEDERBESCHZEIT

Als *Gesamtwiederbeschaffungszeit* tragen Sie die Zeit ein, die für das Zurverfügungstellen des Produkts insgesamt benötigt wird – also die Summe aus Eigenfertigungszeit und Planlieferzeit des längsten Fertigungspfades. Zu berücksichtigen sind dabei die Dauer für alle Fertigungsschritte inklusive Pufferzeiten/Liegezeit sowie die Komponente mit der längsten Lieferzeit.

Wenn beispielsweise die Fertigungszeit inklusive Pufferzeiten 30 Tage beträgt und das Produkt eine Komponente in der Stückliste enthält, die 50 Tage Planlieferzeit hat, resultiert daraus eine Gesamtwiederbeschaffungszeit von 80 Tagen.

Das Feld ist werksspezifisch.

Korrektes Anwenden der Gesamtwiederbeschaffungszeit

Das Feld können Sie verwenden, um dem Kunden gegenüber die richtigen Termine zu bestätigen und damit die Liefertreue zu verbessern. Wenn Sie beispielsweise eine auftragsbezogene Fertigung ohne Vorplanung anwenden, können Sie an dieser Stelle die benötigte Eigenfertigungszeit und die Komponentenlieferzeit eintragen, damit dem Kunden ein realistischer Liefertermin bestätigt wird. Dieses Feld wird von der Verfügbarkeitsprüfung (siehe Abschnitt 4.4.1) im Kundenauftrag berücksichtigt, sofern es gepflegt ist.

In einem *Make-to-Order*-Szenario wird das System es nicht zulassen, einen Kundenauftrag innerhalb einer Zeit zu bestätigen, die kürzer ist als die gepflegte Gesamtwiederbeschaffungszeit – ausgenommen es bestehen bereits angelegte Fertigungsaufträge oder Bestände ohne Reservierungen für andere Kunden. Es ergibt allerdings keinen Sinn, hier nur die Lieferzeit der Komponenten einzugeben, da diese in das Feld PLANLIEFERZEIT eingetragen wird. Andernfalls wird bei der Verfügbarkeitsprüfung im Rahmen der Auftragsanlage mit einem falschen Wert gerechnet.

PROJ.ÜBERGREIF.

Mit dem Kennzeichen *Projektübergreifendes Material* legen Sie fest, ob die Bestände für dieses Material auch außerhalb der kontierten Projektbestände berücksichtigt werden sollen.

6.4.4 Werksspezifische Konfiguration

KONFIGURIERBARES MAT

Für dieses Feld gelten dieselben Eigenschaften wie in Abschnitt 3.3.6 beschrieben, allerdings ist es in der Dispositionssicht ein werksspezifisches Feld.

VARIANTE

Das ebenfalls bereits in Abschnitt 3.3.6 beschriebene Kennzeichen bezieht sich an dieser Stelle – ebenso wie das nächste Feld VORPL. VARIANTE – auf die werksspezifischen Einstellungen zur Materialkonfiguration.

BEWERTUNG VARIANTE/BEWERTUNG VORPL.VARIANTE

Mit Klick auf diese Schaltfläche gelangen Sie in eine andere Maske, in der die Planungsvarianten des konfigurierbaren Materials eingestellt werden können.

6.5 Sicht »Disposition 4«

Die letzte Dispositionssicht (siehe Abbildung 6.5) besteht aus drei Segmenten:

- STÜCKLISTENAUFLÖSUNG/SEKUNDÄRBEDARFE,
- AUSLAUFSTEUERUNG und
- SERIENFERTIGUNG/MONTAGE/DEPLOYMENTSTRATEGIE.

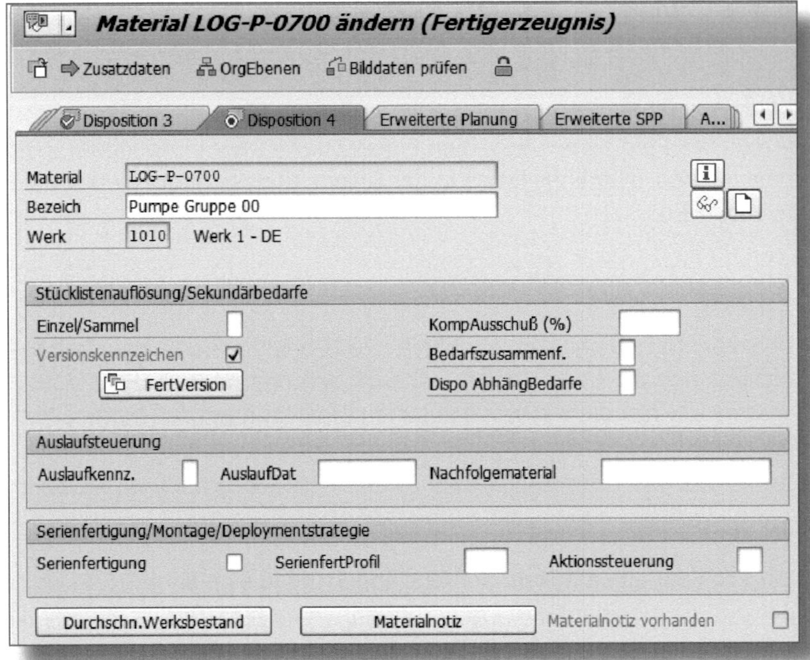

Abbildung 6.5: Sicht »Disposition 4«

6.5.1 Stücklistenauflösung/Sekundärbedarfe

EINZEL/SAMMEL

An dieser Stelle geben Sie vor, wie die Sekundärbedarfe des Materials gesteuert werden sollen: einzeln oder kumuliert. Entscheiden Sie sich für den Einzelbedarf *(1)*, wird das System die Bedarfe eines jeden Kundenauftrags individuell planen. Bei einem Sammelbedarf *(2)* jedoch würde das System die Bedarfe aus demselben Zeitraum kumulieren. Die Zusammenfassung von Bedarfen kann dann sinnvoll sein, wenn Sie dasselbe Produkt für mehrere Kunden fertigen, denn auf diese Weise steigern Sie die Effizienz der Produktion.

! Sammelbedarfe in SAP S/4HANA

Bitte beachten Sie, dass die Bedarfsplanung mit MRP Live sowie die Fiori-Apps zur Materialdeckung aktuell keine Sammelbedarfe zulassen. MRP Live schickt in diesem Fall ein Material in die klassische Bedarfsplanung, die Fiori-Apps geben eine Fehlermeldung aus.

KOMPAUSSCHUSS (%)

Der *Komponentenausschuss* wird in der Materialdisposition zur Ermittlung der korrekten Bedarfs- bzw. Einsatzmengen für die Komponenten verwendet. Diese Angabe legt fest, um wie viel Prozent der Komponentenbedarf gegenüber dem theoretischen Bedarf im Idealfall erhöht wird. Der Eintrag hat direkten Einfluss auf die Bedarfs- und Bestandsliste.

VERSIONSKENNZEICHEN

Dieses Zeichen wird gesetzt, sobald Sie eine gültige Fertigungsversion für ein Produkt angelegt haben.

FERTVERSION

Über diesen Button gelangen Sie in ein weiteres Fenster, in dem Sie die Einstellungen zu den *Fertigungsversionen* vornehmen. Die Versionen können Sie verwenden, um das Produkt mit einer gültigen Stückliste und einem Arbeitsplan zu verknüpfen, die der jeweiligen Fertigungsversion entsprechen (siehe Abbildung 6.6). Die Nutzung dieser Möglichkeit ist dann sinnvoll, wenn Sie beispielsweise für ein und dasselbe Produkt zwei verschiedene Fertigungsverfahren haben. Dabei können Stückliste und Arbeitsplan voneinander abweichen.

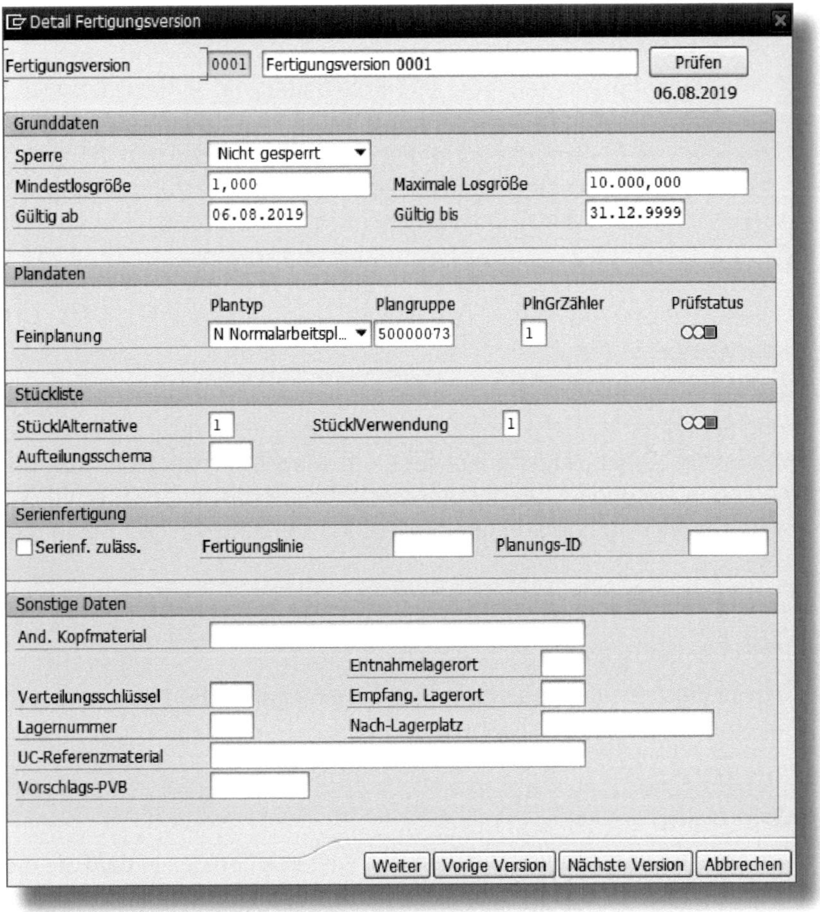

Abbildung 6.6: Fertigungsversion – Übersicht

DISPO ABHÄNGBEDARFE

Das Kennzeichen für *Dispositionsrelevanz für abhängige Bedarfe* (siehe Abbildung 6.5) wird nur in Verbindung mit der Planungsstrategie für anonyme Lagerfertigung/Baugruppenvorplanung verwendet; es steuert, ob abhängige Bedarfe (Reservierungen, Umlagerungsbedarfe oder Sekundärbedarfe) dispositionsrelevant sind oder nicht.

6.5.2 Auslaufsteuerung

Wenn ein Material ausläuft und von einem Nachfolgematerial abgelöst wird, verwenden Sie die *Auslaufsteuerung* mit den nachfolgend beschriebenen Feldern. Diese müssen Sie alle drei pflegen, wenn Sie die Funktion einsetzen möchten. Das System gibt in einem Fall wie in Abbildung 6.7 die Information aus, dass es sich bei dem angegebenen Material um einen Auslaufartikel handelt. Die Sekundärbedarfe werden an das Nachfolgematerial weitergeleitet, sobald sie vom Lagerbestand des Auslaufmaterials nicht mehr gedeckt werden können. Damit haben Sie die Möglichkeit, ein Auslaufen von Artikeln langfristig zu planen.

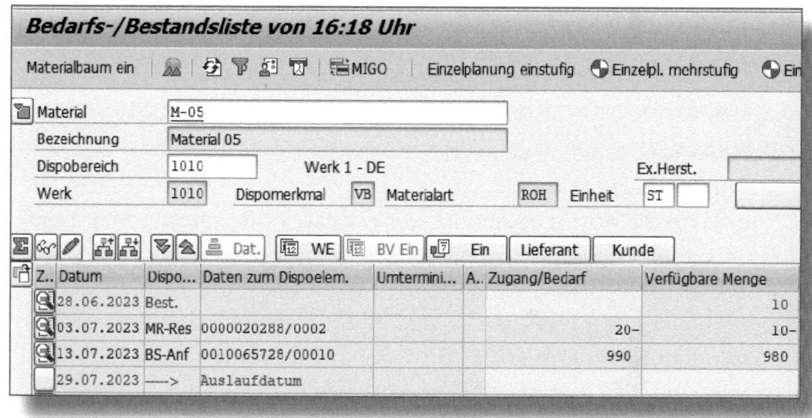

Abbildung 6.7: Beispiel Auslaufkennzeichen in der Transaktion MD04

AUSLAUFKENNZ.

Über das Auslaufkennzeichen (siehe Abbildung 6.5) identifiziert das System bei der Disposition ein Material als Auslaufmaterial. Der Vorgang kann unabhängig oder abhängig vom Auslauf anderer Materialien sein. Wenn das Kennzeichen gesetzt ist, leitet das System bei der Disposition denjenigen Sekundärbedarf, der nicht mehr durch den Lagerbestand des Materials gedeckt ist, auf das Nachfolgematerial weiter. Die Voraussetzungen hierfür sind:

- Auslauf- und Nachfolgematerial müssen plangesteuert disponiert werden.
- Die Basismengeneinheit des Nachfolgematerials muss mit der des Auslaufmaterials identisch sein.

AUSLAUFDAT

Hier findet sich das Datum, ab dem das Material ausläuft und durch das Nachfolgematerial ersetzt wird, sobald der Bestand des Materials aufgebraucht ist.

NACHFOLGEMATERIAL

An dieser Stelle wird die Nummer des Materials eingetragen, welches das Auslaufmaterial ablöst.

Fallbeispiel Auslaufteil

Brittney ist Disponentin für eine Produktionsanlage, die Bremsleitungen für die Automobilindustrie herstellt. Ihr Rohstofflieferant hat ihr mitgeteilt, dass die für die Herstellung der Bremsleitungen verwendete Stahlsorte nach dem 31. Dezember nicht mehr geliefert werden kann. Der Lieferant beabsichtigt, eine andere Stahlsorte anzubieten, die den erforderlichen technischen Standards entspricht. Brittney hat die Möglichkeit vorauszuplanen, indem sie die Materialstammfelder für die Auslaufsteuerung nutzt. Sie erstellt zunächst den Materialstamm für den neuen Stahl. Anschließend pflegt sie im Materialstamm des alten Stahls das Auslaufkennzeichen. Sie gibt außerdem das Auslaufdatum 31. Dezember und die neue Materialnummer im Feld NACHFOLGEMATERIAL ein. Brittney hat nun eine kontinuierliche Planung und damit eine fortlaufende Versorgung mit dem benötigten Rohmaterial sichergestellt. Als zusätzlichen Bonus kann sie die Materialnummer des alten Stahls auf der Prognosesicht als BEZUGSMATERIAL VERBRAUCH für den neuen Stahl eintragen und somit die Prognosefunktion nahtlos fortführen.

6.5.3 Serienfertigung/Montage/Deploymentstrategie

SERIENFERTIGUNG

Das Setzen dieses Kennzeichens sagt dem System, dass das jeweilige Material für die Serienfertigung zugelassen ist. Dies ist die Voraussetzung für das Rückmelden in der Serienfertigung. Wenn Sie das Kontrollkästchen anhaken, müssen Sie auch ein Serienfertigungsprofil für das Material angeben.

SERIENFERTPROFIL

Das *Serienfertigungsprofil* steuert über die Auftragsart, ob eine kundenauftragsorientierte Serienfertigung oder eine Lagerserienfertigung (anonym) stattfindet.

AKTIONSSTEUERUNG

Mit diesem Schlüssel lassen sich mehrere Aktionen (Stückliste auflösen, Materialverfügbarkeit prüfen, Planauftrag terminieren etc.), die andernfalls alle einzeln pro Planauftrag durchgeführt werden müssten, in einem Schritt für eine größere Anzahl von Planaufträgen abwickeln.

DURCHSCHN.WERKSBESTAND

Wenn Sie die Langfristplanung im Einsatz haben, wird Ihnen der *durchschnittliche Werksbestand* angezeigt.

MATERIALNOTIZ

Hier können Sie wichtige aktuelle Informationen zu einem Material hinterlegen. Die Materialnotiz wird automatisch in der Bedarfs-/Bestandsliste *(MD04)* und der Dispoliste *(MD05)* angezeigt und ist auch von dort pflegbar.

! Keine Lagerortdisposition mehr in SAP S/4HANA

In SAP ECC waren in dieser Sicht noch Felder für die Lagerortdisposition zu finden. Diese Funktion steht in SAP S/4HANA nicht mehr zur Verfügung. Stattdessen müssen Sie Dispositionsbereiche für die betreffenden Lagerorte verwenden.

6.6 Sicht »Prognose«

Unternehmen wie Handelsketten oder Krankenhäuser haben keine Bedarfe durch langfristige Kundenaufträge, sie müssen stattdessen mithilfe von Vergangenheitswerten den Bedarf für die Zukunft ableiten. Dies kann anhand einer Prognose geschehen.

Die Prognose kann aber auch in produzierenden Unternehmen für die Absatzplanung oder für ungeplante Bedarfe genutzt werden.

Voraussetzung für eine Prognose sind Verbrauchswerte aus der Vergangenheit. Diese können auch von einem anderen Material oder Werk stammen.

Außerdem müssen die Prognosedaten im Materialstamm gepflegt sein. Wie die Ergebnisse der Prognose verwendet werden, steuern Sie im Dispomerkmal.

Fallbeispiel Krankenhaus

Während Medikamente über den Pharmahandel in der Regel stets kurzfristig verfügbar sind, müssen andere Materialien wie Gehhilfen, Einmalhandschuhe oder OP-Masken mittel- bis langfristig beschafft werden. Wenn diese Materialien mit der Bestellpunktdisposition geplant werden, bekommt man zwar regelmäßig Beschaffungsvorschläge, aber diese decken immer nur einen gewissen Zeitraum ab. Aus diesem Grund beschließt eine Klinik, die stochastische Disposition einzuführen. Aus den Verbrauchswerten der Vergangenheit wird der zukünftige Bedarf prognostiziert. Da die Prognose für zwölf Monate im Voraus erfolgt, stehen nun Prognosebedarfe zur Verfügung. Auf Basis dieser Bedarfe können wiederum Rahmenverträge abgeschlossen werden, was zu kürzeren Lieferzeiten und besseren Preisen führt.

Die Prognosesicht (siehe Abbildung 6.8) unterteilt sich in die Segmente:

- ALLGEMEINE DATEN,
- ANZAHL DER GEWÜNSCHTEN PERIODEN und
- STEUERUNGSDATEN.

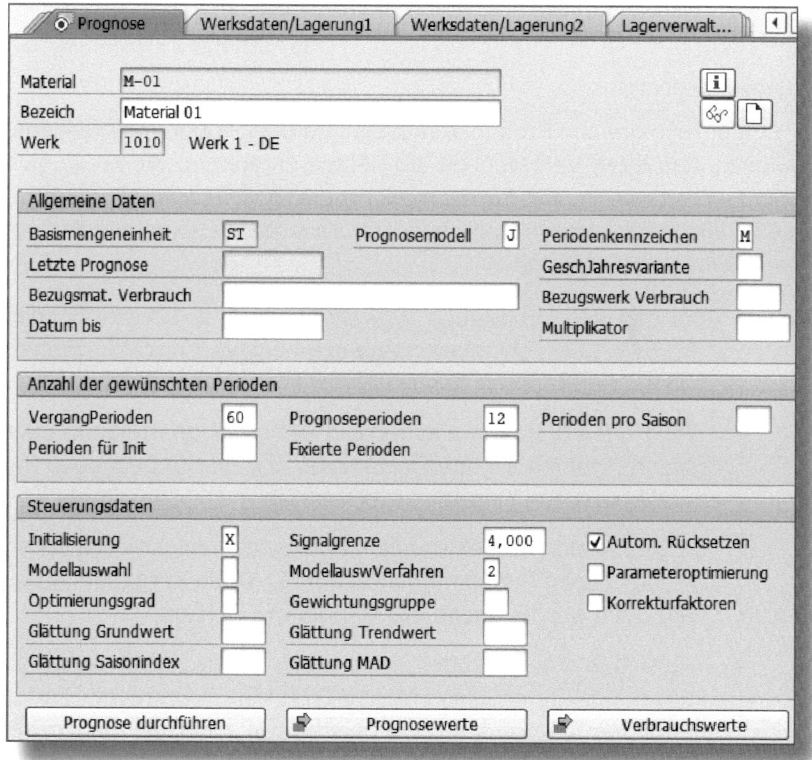

Abbildung 6.8: Sicht »Prognose«

6.6.1 Allgemeine Daten

Prognoseprofil

Zur vereinfachten Pflege der Prognosedaten im Materialstamm können Sie Prognoseprofile verwenden. Diese legen Sie mit der Transaktion *MP80* an. Die Funktionsweise ist die gleiche wie beim Dispoprofil.

BASISMENGENEINHEIT

Das Feld Basismengeneinheit stammt von der Grunddatensicht und wird hier nur zu Informationszwecken angezeigt.

PROGNOSEMODELL

Für eine erfolgreiche Prognose müssen Sie das Prognosemodell auswählen, das Ihren Verbräuchen am besten entspricht. Wenn Sie sich nicht sicher sind, nutzen Sie die maschinelle Modellauswahl *(J)*. In diesem Fall untersucht das System die Verbräuche und berechnet das am besten geeignete Modell.

- Bei gleichem Verbrauch verwenden Sie das *Konstantmodell (D)*. Bereits ein einzelner Vergangenheitswert reicht in diesem Fall für die Prognose aus.
- Weist der Verbrauch einen Trend auf (egal ob steigend oder fallend), wählen Sie das *Trendmodell (T)*. Hierfür benötigen Sie mindestens drei Vergangenheitswerte.
- Bei saisonalen Artikeln verwenden Sie das *Saisonmodell (S)*. In diesem Zusammenhang benötigen Sie einen Vergangenheitswert mehr als die Anzahl der Perioden je Saison.
- Wenn das Saisonmodell auch noch einen Trend aufweist, kommt das *Trend-Saison-Modell (X)* für Sie in Betracht. Hierfür benötigen Sie drei Vergangenheitswerte mehr als die Anzahl der Perioden je Saison.

PERIODENKENNZEICHEN

Das Periodenkennzeichen wird von der Dispositionssicht 3 (siehe Abschnitt 6.4.1) übernommen. Es besagt, in welchen Intervallen die Verbräuche fortgeschrieben und die Prognosewerte berechnet werden.

LETZTE PROGNOSE

In diesem Feld sehen Sie, wann die letzte Prognose für dieses Material durchgeführt wurde.

GESCHJAHRESVARIANTE

Die *Geschäftsjahresvariante* wird ebenfalls von der Dispositionssicht 3 übernommen.

BEZUGSMAT. VERBRAUCH/BEZUGSWERK VERBRAUCH/DATUM BIS/MULTIPLIKATOR

Sie können sich bei der Prognose auf ein anderes Material im selben oder einem anderen Werk oder auf dasselbe Material in einem anderen Werk beziehen. Mit dem Multiplikator können Sie auch einen abweichenden Prognosebedarf berechnen lassen.

Fallbeispiel Bezugsmaterial

Elektrohändler Frisch hat Klimageräte im Programm. Sein Lieferant Blaser ersetzt ein Modell, das in den vergangenen drei Jahren geliefert wurde, durch eine verbessertes Version. Anlässlich seiner Markteinführung soll es intensiv beworben werden. Aus diesem Grund legt Elektrohändler Frisch bei der Materialanlage des neuen Geräts fest, dass die Prognose auf Basis des Vorgängermodells mit den Verkaufszahlen bis zum heutigen Tag für die Zukunft mit einem Multiplikator von 1,2 durchgeführt werden soll. Dies entspricht einer erwarteten Absatzsteigerung von 20 Prozent. Da Klimageräte vor allem im Frühjahr und Sommer verkauft werden, wählt Frisch das Saisonmodell.

6.6.2 Anzahl der gewünschten Perioden

VERGANGPERIODEN

Im Feld *Vergangenheitsperioden* legen Sie fest, aus welchem Zeitraum die Verbräuche der Vergangenheit für die Prognose herangezogen werden.

PROGNOSEPERIODEN

Mit der Anzahl der Prognoseperioden steuern Sie, für welchen Zeitraum in der Zukunft die Prognose durchgeführt werden soll. Die sinnvolle Anzahl schwankt je nach Branche. Im Handel reichen oft wenige Wochen, wogegen im Flugzeugbau auch mehrere Jahre in Betracht kommen.

PERIODEN PRO SAISON

Falls Sie ein Saisonmodell ausgewählt haben, müssen Sie hier eintragen, wie viele Perioden eine Saison hat. Bei jährlichem Saisonverlauf und monatlicher Prognose wären dies also zwölf.

PERIODEN FÜR INIT

Für die maschinelle Modellermittlung können Sie in dem Feld *Perioden für Initialisierung* eine abweichende Periodenanzahl eingeben. Das Prognosemodell wird damit nur aus der hier eingetragenen Anzahl an Vergangenheitsperioden berechnet.

FIXIERTE PERIODEN

Um das Prognoseergebnis für den nächsten Prognoselauf vor Änderungen zu schützen, geben Sie ein, für wie viele Perioden das Prognoseergebnis fixiert werden soll. Dies bietet sich bei Unternehmen an, die Produkte mit langen Produktionszeiten haben (z. B. Maschinenbau).

6.6.3 Steuerungsdaten

INITIALISIERUNG

Das Initialisierungskennzeichen benötigen Sie für die maschinelle Modellauswahl und für die automatische Erkennung von notwendigen Wechseln des Prognosemodells. Ein Modellwechsel ist dann zu überlegen, wenn die Signalgrenze überschritten wird.

Ist auch das Kennzeichen für das automatische Rücksetzen markiert, wird das Prognosemodell beim Überschreiten der Signalgrenze zurückgesetzt.

SIGNALGRENZE

Bei jeder Prognose vergleicht das System die Signalgrenze mit dem Trackingsignal, dem Quotienten aus Fehlersumme und mittlerer absoluter Abweichung. Dies dient dazu, die Genauigkeit der Prognose zu kontrollieren.

Bei Überschreitung der Signalgrenze durch das Trackingsignal bekommt der Disponent in Form einer Ausnahmemeldung den Hinweis, dass das Prognosemodell überprüft werden muss.

AUTOM. RÜCKSETZEN

Ist das Kennzeichen für das *automatische Rücksetzen* markiert, wird das Prognosemodell beim Überschreiten der Signalgrenze zurückgesetzt.

MODELLAUSWAHL

Mit der Modellauswahl legen Sie fest, ob das System bei maschineller Modellauswahl nur auf Trend, nur auf Saison oder auf beides untersuchen soll.

MODELLAUSWVERFAHREN

Das *Modellauswahlverfahren* steuert, wie hoch der Rechenaufwand für die Modellermittlung sein soll. Das analytische Verfahren *(2)* erfordert einen höheren Rechenaufwand als der Signifikanztest *(1)*.

PARAMETEROPTIMIERUNG

Mit der Parameteroptimierung werden die idealen Glättungsfaktoren bei der maschinellen Modellauswahl errechnet.

OPTIMIERUNGSGRAD

In Verbindung mit der Parameteroptimierung hat auch der Optimierungsgrad (fein, mittel oder grob) Auswirkungen auf die Performance der Prognoserechnung. Der Optimierungsgrad kommt bei der Berechnung der Glättungsfaktoren dann zum Einsatz, wenn Sie ein Modell der exponentiellen Glättung (*K* oder *O*) verwenden.

GEWICHTUNGSGRUPPE

Die Gewichtungsgruppe ist nur im Modell des gewichteten gleitenden Mittelwerts relevant. An dieser Stelle können Sie die Gewichtung der Vergangenheitswerte festlegen.

KORREKTURFAKTOREN

Mit dem Kennzeichen für die Korrekturfaktoren können Sie dafür sorgen, dass das System Schwankungen im Verbrauch berücksichtigt. Die Korrekturfaktoren pflegen Sie werksabhängig im Customizing (Transaktion *OMDJ*). Sie können derart beispielsweise Wochen mit Feiertagen oder Betriebsferien entsprechend berücksichtigen lassen.

GLÄTTUNG GRUNDWERT/GLÄTTUNG TRENDWERT/GLÄTTUNG SAISONINDEX/ GLÄTTUNG MAD

Die Glättungsfaktoren müssen Sie nur pflegen, wenn sie vom Standard (siehe Felddokumentation) abweichen sollen. Mit den Glättungsfaktoren können Sie zu starke Schwankungen der Prognosewerte verhindern.

> **Beispiel Glättung Grundwert**
>
> Der Glättungsfaktor Grundwert (Alpha-Faktor) ist im Standard 0,2.
>
> Sie führen eine Prognose mit zwei Vergangenheitsperioden und dem Konstantmodell durch. In der Vorperiode lag der Verbrauch bei 100, in der Periode vor dieser bei 200.
>
> Da mehr als ein Wert vorliegt, wird eine Prognose in die Vergangenheit (Ex-post-Prognose) durchgeführt. Dabei wird mit dem ältesten Wert (Periode -2) begonnen. Da hier der Verbrauchswert 200 war, wird dieser als Ex-post-Prognosewert in die Prognoseergebnisse für die Periode -1 übernommen.
>
> Nun wird für die zu prognostizierende Periode der Verbrauch aus der Periode -1 mit 0,2 gewichtet und der Ex-post-Prognosewert mit 0,8.
>
> Somit ergibt sich ein Prognosewert von 0,2 × 100 + 0,8 × 200 = 180.

6.6.4 Schaltflächen

PROGNOSE DURCHFÜHREN

Mit einem Klick auf diese Schaltfläche, die nur in der Werkssicht angeboten wird, rufen Sie die interaktive Prognose auf. Die Prognosesicht in Dispositionsbereichen ermöglicht keine interaktive Prognose.

Wählen Sie die Periode für die Prognose aus. Sie können die Prognose für die aktuelle oder die Folgeperiode durchführen. Es empfiehlt sich, die Prognose immer zu Beginn einer Periode für die aktuelle durchzuführen, nachdem alle Warenbewegungen für die Vorperiode verbucht sind.

Nachdem Sie alle weiteren Fenster bearbeitet haben, werden Ihnen die Prognosewerte angezeigt. Wenn Sie damit zufrieden sind, übernehmen Sie die Werte und sichern den Materialstamm. Andernfalls können Sie die Prognose mit veränderten Parametern beliebig oft wiederholen, bis Sie mit dem Ergebnis einverstanden sind.

PROGNOSEWERTE

Hier können Sie die aktuellen Prognosewerte abfragen und bei Bedarf manuell korrigieren. Sie sehen auch die Daten aus der Ex-post-Prognose, wenn Sie nach oben scrollen.

VERBRAUCHSWERTE

Die Verbrauchswerte können an dieser Stelle angezeigt und bei Bedarf geändert werden. Wenn Sie Änderungen vornehmen, wird die Prognose mit den korrigierten Werten durchgeführt. Diese Änderungen haben aber keinen Einfluss auf die Verbrauchsstatistiken. Alternativ zu diesem Vorgehen in der Prognosesicht können die Verbrauchswerte auch über die Zusatzdaten (siehe Abschnitt 3.2.6) aufgerufen werden.

6.7 Sicht »Arbeitsvorbereitung«

In diesem Bereich der Materialstammdaten sind die hinterlegten Informationen nur für die Eigenfertigung (Produktionsplanung und -durchführung) relevant (siehe Abbildung 6.9). Die Segmente

- ALLGEMEINE DATEN,
- TOLERANZDATEN und
- EIGENFERTIGUNGSZEIT IN TAGEN

beinhalten Informationen, um Ihr Produkt einem *Fertigungssteuerer* zuzuordnen, um Über- und Unterlieferungstoleranzen für die Fertigung festzusetzen und um die Durchlaufzeit entweder losgrößenabhängig oder losgrößenunabhängig einzustellen.

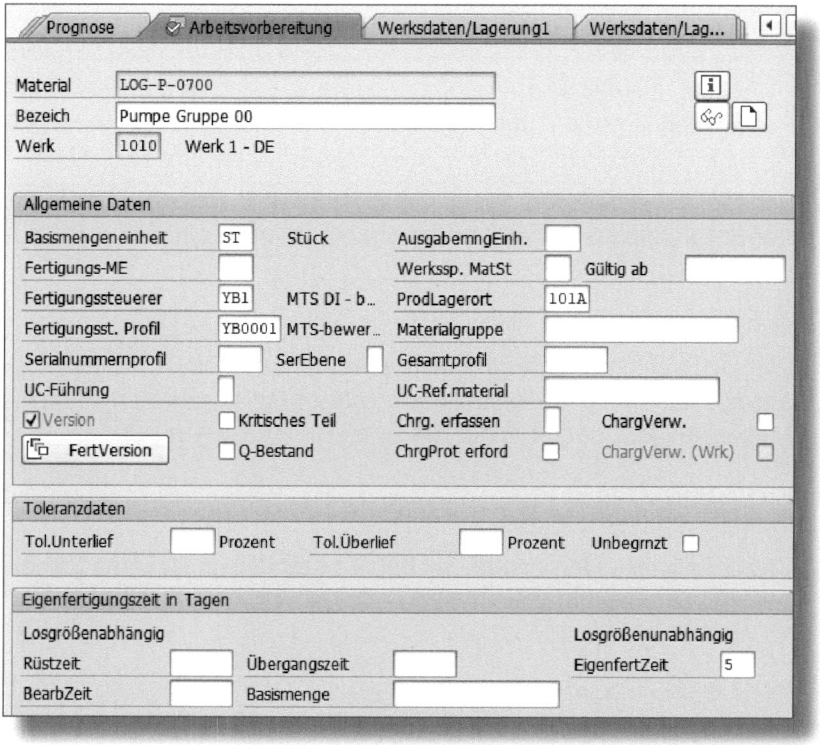

Abbildung 6.9: Sicht »Arbeitsvorbereitung«

6.7.1 Allgemeine Daten

BASISMENGENEINHEIT

Das bereits in Abschnitt 3.2.1 beschriebene Feld dient hier lediglich als Referenz für die Einstellungen in der Arbeitsvorbereitungssicht.

AUSGABEMNGEINH.

An dieser Stelle wird angegeben, in welcher Mengeneinheit das Material vom Lager ausgegeben wird. Eine Eingabe ist nur erforderlich, wenn die *Ausgabemengeneinheit* von der Basismengeneinheit abweicht.

☛ Ausgabemengeneinheit als Vorschlagswert

Die Ausgabemengeneinheit wird beim Anlegen einer Reservierung (Transaktion *MB21*) oder beim Buchen eines sonstigen Warenausgangs (Transaktion *MIGO*) vorgeschlagen, wenn dort keine Mengeneinheit eingegeben ist.

Fertigungs-ME

Wie die Bezeichnung des Feldes bereits vermuten lässt, ist die Logik ähnlich der Ausgabemengeneinheit, außer dass es sich hierbei um die Mengeneinheit handelt, in der das Produkt produziert wird.

Werkssp. MatSt/Gültig ab

Diese Felder wurden bereits im Detail beschrieben; Näheres entnehmen Sie bitte dem Abschnitt 5.1.1.

Fertigungssteuerer

Der Feldname legt nahe, dass damit eine Person gemeint ist – in der Praxis ist aber der Disponent zumeist auch der Fertigungssteuerer. Tatsächlich handelt es sich hier um einen Schlüssel, der u. a. festlegt, wie für ein Material bei dessen Einplanung die Kapazitätsbedarfe ermittelt werden. Im SAP-Customizing können Sie die Kapazitätenbetrachtung mit dem Fertigungssteuerer verknüpfen.

ProdLagerort

Nähere Informationen zu diesem Feld finden Sie in Abschnitt 6.3.1.

Fertigungsst. Profil

Das *Fertigungssteuerungsprofil* hilft Ihnen, administrativen Aufwand zu reduzieren, betriebswirtschaftliche Vorgänge parallel auszuführen und zu automatisieren. Beispielsweise lässt sich einstellen, dass ein Fertigungsauftrag direkt gedruckt wird, sobald er freigegeben ist.

Das Fertigungssteuerungsprofil kann einem Fertigungssteuerer oder einem Material zugeordnet werden. Die Zuordnung zu einem Material hat dabei höhere Priorität.

MATERIALGRUPPE

Dieses Feld können Sie verwenden, um solche Materialien zu gruppieren, die beispielsweise dieselben Arbeitsschritte benötigen. Es ist für Auswertungszwecke gedacht und hat keine steuernde Funktion. Das Feld ist ein Freitextfeld und wird daher auch gegen keine Customizing-Tabelle geprüft.

SERIALNUMMERNPROFIL

Wenn Sie Produkte herstellen, die serialisiert sind, können Sie im Customizing die entsprechenden Profile anlegen und an dieser Stelle eintragen.

SEREBENE

Die *Serialisierungsebene* gibt vor, ob die Serialnummer einem konkreten Material oder generell allen Materialien zugeordnet werden soll. Beachten Sie, dass es sich hierbei um ein globales Feld handelt und damit die Einstellungen für alle Werke relevant sind.

GESAMTPROFIL

Mithilfe dieses Profils steuern Sie den Änderungsdienst für Fertigungsaufträge. Sie ordnen den Prozessen »Kundenauftragsprozess«, »Stammdatenprozess« und »Montageabwicklung« Änderungsprofile zu. Auf diese Weise lässt sich jeder dieser Prozesse individuell steuern.

UC-FÜHRUNG/UC-REF.MATERIAL

Diese Felder sind analog zu denen der Einkaufssicht (siehe Abschnitt 5.1.1).

VERSION

Dieses Kennzeichen wird vom System markiert, sobald Sie eine gültige Fertigungsversion für ein Produkt angelegt haben. Es ist nicht manuell pflegbar.

FERTVERSION

Die *Fertigungsversion* wurde bereits beschrieben; Näheres entnehmen Sie dem Abschnitt 6.3.1.

KRITISCHES TEIL

Dieses Kennzeichen wurde schon in Abschnitt 5.1.3 erläutert.

Q-BESTAND

Das Feld gibt an, ob das Material der Qualitätsprüfung unterliegt und nach dem Buchen des Wareneingangs in den Qualitätsprüfbestand gebucht wird. Beim Setzen des Kennzeichens wird es als Vorschlagswert in Fertigungsaufträge übernommen.

CHRG. ERFASSEN/CHARGVERW./CHRGPROT ERFORD

Erläuterungen zu diesen Feldern finden Sie in Abschnitt 4.4.1.

6.7.2 Toleranzdaten

Die folgenden Felder sind Ihnen schon einmal kurz in Abschnitt 5.1.2 begegnet; dort war der Bezug der Einkauf bzw. die Bestellungen. Hier beziehen sie sich auf die Eigenfertigung und somit auf Fertigungsaufträgc.

TOL.UNTERLIEF

Die *Toleranzgrenze für Unterlieferung* gibt schlichtweg an, um wie viel Prozent die Menge bei der Wareneingangsbuchung des Fertigungsauftrags unterschritten werden darf. Ein Fertigungsauftrag wird automatisch auf endgeliefert gesetzt, wenn die Wareneingangsmenge innerhalb des Toleranzbereichs liegt.

TOL.ÜBERLIEF

Analog zum soeben beschriebenen Feld gibt dieses Kennzeichen an, um wie viel Prozent die Menge bei der Wareneingangsbuchung des Fertigungsauftrags überschritten werden darf, ohne dass es zu einer Fehlermeldung kommt.

UNBEGRZT

Mit diesem Kennzeichen geben Sie an, dass *unbegrenzt* Überlieferungen akzeptiert werden.

6.7.3 Eigenfertigungszeit in Tagen

In diesem Segment der Arbeitsvorbereitung werden die Zeiten für die Herstellung eines Produkts eingetragen. Die Felder bieten Ihnen die Möglichkeit, die Eigenfertigungszeit detailliert zu erfassen und diese LOSGRÖSSENABHÄNGIG einzustellen. Falls Sie diesen Detaillierungsgrad nicht wünschen, können Sie die Eigenfertigungszeit auch LOSGRÖSSENUNABHÄNGIG eingeben.

Die zugehörigen Felder dienen der Terminierung der Planaufträge und damit der Ermittlung möglichst realistischer Termine für Kundenaufträge. Die Daten sollten mit denen aus den Arbeitsplänen übereinstimmen, da die Arbeitspläne gezogen werden, wenn der Planauftrag in einen Fertigungsauftrag umgewandelt wird. Es wäre daher von Nachteil, wenn aus dem Fertigungsauftrag plötzlich andere Termine resultierten. Dies würde zu Störungen in der Belieferung führen.

RÜSTZEIT

Dies ist die Anzahl an Arbeitstagen, die für das Rüsten und Abrüsten der Arbeitsplätze benötigt werden, an denen das Material bearbeitet wird.

ÜBERGANGSZEIT

An dieser Stelle hinterlegen Sie die Anzahl an Arbeitstagen, die für den Übergang eines in der Fertigung befindlichen Materials von einem Arbeitsplatz zum nächsten benötigt werden. Die Übergangszeit beinhaltet die Transportzeit, die Wartezeit, Liegezeit, Vorgriffszeit, die Sicherheitszeit und bei extern ausgeführten Vorgängen auch die Planlieferzeit.

BEARBZEIT

Sie können auch angeben, wie viele Arbeitstage benötigt werden, um das Material an den verschiedenen Arbeitsplätzen zu bearbeiten. Diese Zeit ist abhängig von der Auftragsmenge.

BASISMENGE

Wenn die Eigenfertigungszeit losgrößenabhängig definiert ist, geben Sie hier die Menge ein, auf die sich die Bearbeitungszeit bezieht. Die Angabe dient dann als Grundlage zur Ermittlung der gesamten Bearbeitungszeit für einen Fertigungsauftrag.

EIGENFERTZEIT

Wie die Bezeichnung bereits vermuten lässt, wird im Fall, dass Sie dieses Feld ausfüllen, einzig und allein der hier eingetragene Wert als *Eigenfertigungszeit* verwendet, unabhängig von der Auftragsmenge. Ist das Feld leer, werden die losgrößenabhängigen Felder (Rüstzeit, Übergangszeit, Bearbeitungszeit und Basismenge) gezogen. Wenn Sie die Eigenfertigungszeit und eines der anderen Felder ausfüllen, erscheint eine Fehlermeldung.

6.8 Persönliche Anmerkung

Für eine gute Datenbasis ist es wichtig, dass die im System eingetragenen Informationen sauber und sachlich richtig sind. Was bringt Ihnen beispielsweise eine hinterlegte Eigenfertigungszeit, die nicht im Ansatz der Realität entspricht? Das System wird zwar Einträge in gewissen Feldern verlangen, da es sich um Pflichtfelder handelt, allerdings sollten die Informationen nicht willkürlich eingetragen werden. Werte sollten gut durchdacht und sauber ermittelt sein, bevor sie im System landen. Wir möchten Ihnen dafür ein Beispiel geben.

Folgen einer ungenügend gepflegten Eigenfertigungszeit

Bei der Firma Bauer werden losgrößenunabhängige Eigenfertigungszeiten gepflegt. Diese Werte wurden pauschal für alle Produkte kalkuliert und in das System eingespielt. Dies hat zur Folge, dass die Bedarfstermine, die der Einkauf für die Komponenten im System ablesen kann, sich immer ändern, nachdem ein Planauftrag in einen Fertigungsauftrag umgewandelt worden ist. Der Grund dafür ist, dass beim Umwandeln die realen Zeiten aus dem Arbeitsplan für die Durchlaufterminierung berücksichtigt werden. Infolgedessen wird der Bedarf für den Einkauf – je nachdem, welches Produkt gerade gefertigt wird – nach vorne oder nach hinten verschoben.

7 Bestandsführung

Ob Wareneingänge von externen Lieferanten oder Materialbereitstellung für die Herstellung eigengefertigter Produkte – alles beginnt mit oder endet im Bestand. In diesem Kapitel werden wir auf die Felder eingehen, die für die Lagerung und die Bewertung Ihres Lagerbestands eine wesentliche Rolle spielen.

Ein Einkäufer bzw. Disponent sollte seine Artikel kennen, um zu verstehen, was ein Knopfdruck auf »Bestellen« oder »Produzieren« im Lager tatsächlich auslöst.

Die Logistikkollegen stehen vor der Aufgabe, den Anforderungen einer zeitnahen Bearbeitung eintreffender Wareneingänge sowie der Produktionsversorgung gerecht zu werden. Dies ist oftmals eine beachtliche Herausforderung, vor allem wenn es sich um komplexe Produkte handelt, sodass eine sachgerechte Bedienung der Produktion sehr viel Zeit in Anspruch nimmt.

In diesem Kapitel geht es im Wesentlichen um die für die Lagerung eines Materials relevanten Stammdaten. Unter Berücksichtigung der verschiedenen Einstellungsmöglichkeiten, wie Haltbarkeitsdaten oder Lagerungsstrategien, werden wir auf die entsprechenden Felder eingehen, die für die Bestandsführung eines Materials von Bedeutung sind. Wir unterscheiden zwischen normalen Lagern und solchen mit Lagerverwaltung. Bei Einsatz der Lagerverwaltung sind die Prozesse wesentlich komplexer, da beispielsweise ein Hochregallager sehr viele Stellplätze haben kann. In SAP werden diese Stellplätze als Lagerplätze abgebildet.

! Entwicklung der Lagerverwaltung in SAP

Das klassische Warehouse Management wird von SAP nicht mehr weiterentwickelt. Wer nicht auf das extra zu lizenzierende SAP EWM umsteigen möchte, kann stattdessen auf das *SAP Stock Room Management* zurückgreifen, das weiterhin die Grundfunktionen des Warehouse Management zur Verfügung stellt.

Zusätzlich zu den im Folgenden beschriebenen Sichten kann es sein, dass bei Ihnen auch noch die Sichten *WM Execution* und *WM Packaging* zur Pflege angeboten werden. Diese beiden Sichten werden nur in Verbindung mit SAP EWM (Extended Warehouse Management) benötigt.

7.1 Sicht »Werksdaten/Lagerung 1«

Die Sicht WERKSDATEN/LAGERUNG 1 (siehe Abbildung 7.1) besteht aus den Segmenten

- ALLGEMEINE DATEN und
- HALTBARKEITSDATEN.

Während wir in den ALLGEMEINEN DATEN Felder finden, die sich durch nahezu alle Sichten des Materialstamms ziehen, bietet das Segment HALTBARKEITSDATEN Justierungsoptionen zur Gesamthaltbarkeit eines Produkts. Darüber hinaus können Sie in dieser Sicht ein Material für das *Cycle-Counting-Inventurverfahren* einplanen.

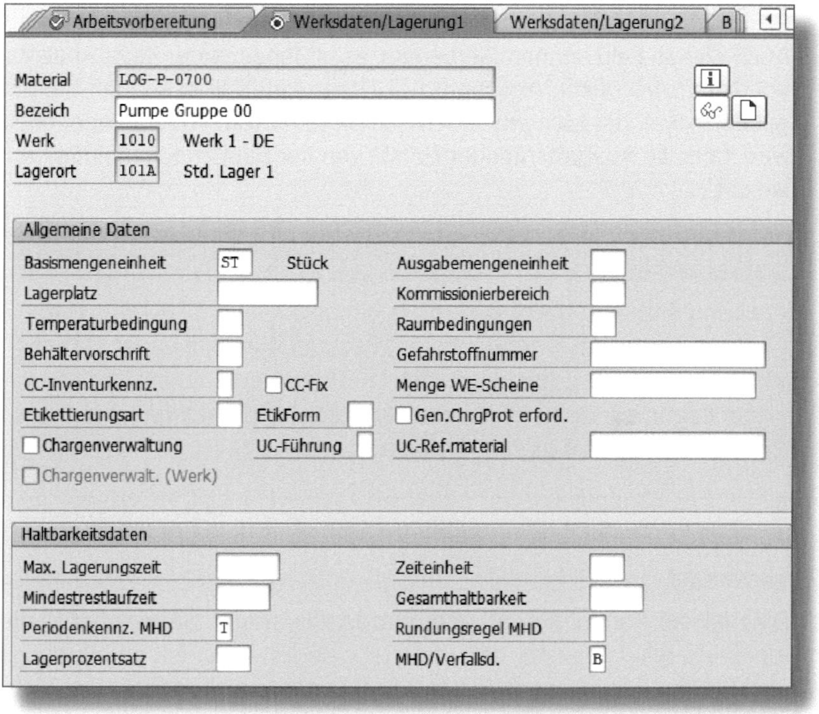

Abbildung 7.1: Sicht »Werksdaten/Lagerung 1«

7.1.1 Allgemeine Daten

BASISMENGENEINHEIT

Dieses bereits in Abschnitt 3.2.1 ausführlich erläuterte Feld ist an dieser Stelle noch einmal aufgeführt, da die Basismengeneinheit für die Lagerdaten eine wichtige Information ist.

AUSGABEMENGENEINHEIT

Auch dieses Feld kennen Sie bereits, es ist Ihnen in der Sicht ARBEITSVORBEREITUNG (siehe Abschnitt 6.7.1) begegnet. Hier können Sie angeben, in welcher Mengeneinheit das Material vom Lager ausgegeben wird, falls die Ausgabemengeneinheit von der Basismengeneinheit abweicht.

Fallbeispiel Verpackungen

Lebensmittelproduzent Schneider benötigt Kartons, um die Waren für den Handel zu verpacken. Als Basismengeneinheit ist »Stück« hinterlegt. Die Produktion entnimmt die Kartons nicht einzeln aus dem Lager, sondern palettenweise. Daher ist als Ausgabemengeneinheit im Lager »Palette« festgelegt.

LAGERPLATZ

Dies ist die Kennung des Lagerplatzes, die angibt, an welcher Stelle innerhalb des Lagerorts das Material gelagert wird. Sie ist allerdings nur von Bedeutung, wenn Sie das SAP-Lagerverwaltungssystem nicht im Einsatz haben. Ist für einen Lagerort das Lagerverwaltungssystem aktiviert, so hat der hier eingetragene Wert einen rein informativen Charakter. Das Feld ist ein Freitextfeld. Wenn Sie ein Blocklager haben, könnten Ihre Lagerplätze z. B. *Block A*, *Block B* heißen. Abhängig von der Kombination aus Material und Lagerort können Sie nur einen Lagerplatz hinterlegen.

KOMMISSIONIERBEREICH

Mit diesem Schlüssel fassen Sie Lagerplätze zusammen, die unter dem Gesichtspunkt der *Kommissionierstrategien* so angeordnet sind, wie es für die Prüfung der Kommissioniervorgänge am vorteilhaftesten ist. Der KOMMISSIONIERBEREICH wird für die Ermittlung der Zeitdauer zur Erfüllung des Kommissionierbedarfs und die Anlage von Transportaufträgen verwendet, sofern das Lean-WM im Einsatz ist.

☛ Lean-WM – was ist das?

Unter *Lean-WM* versteht man eine Lagerstruktur, die es erlaubt, Transportaufträge auch in einfach strukturierten Lagern als Kommissionieraufträge zu nutzen. Anders als bei der »normalen« Warehouse-Management-Struktur ist es im Lean-WM möglich, die Bestandsmengen nur in der Bestandsführung (MM) anzuschauen und nicht auf der Lagerverwaltungsebene (WM).

TEMPERATURBEDINGUNG

An dieser Stelle geben Sie vor, unter welchen Temperaturbedingungen das Material gelagert werden soll. Dies ist z. B. bei Tiefkühlware sinnvoll.

RAUMBEDINGUNGEN

Das Kennzeichen legt fest, unter welchen Raumbedingungen das Material zu lagern ist. Dies ist z. B. bei feuchtigkeitsempfindlichen Materialien sinnvoll.

BEHÄLTERVORSCHRIFT

Über diesen Schlüssel schreiben Sie vor, in welcher Art von Behälter das Material gelagert und versendet werden muss. Druckempfindliche Ware sollte z. B. in stapelbaren Metallkästen gelagert werden.

GEFAHRSTOFFNUMMER

Hierüber lässt sich das Material als »Gefahrstoff« oder als »Gefahrgut« identifizieren. Diese Nummern können im SAP-Customizing definiert und den Gefahrstoff- bzw. Gefahrgutdaten zugeordnet werden. Das Verwenden dieses Feldes weist darauf hin, dass im Umgang mit dem Material oder für seinen Transport besondere Vorkehrungen im Lager bzw. Versand erforderlich sind. Die detaillierten Gefahrgutdaten pflegen Sie mit den Transaktionen *DGP1* und *DGP2*.

CC-INVENTURKENNZ.

Dieser Schlüssel gibt an, dass das Material am Cycle-Counting-Inventurverfahren teilnimmt. Als *Cycle Counting* bezeichnet man die wiederkehrende und regelmäßige Inventur eines Materials innerhalb eines Geschäftsjahres. Dadurch wird beispielsweise erreicht, dass Materialien, bei denen es immer wieder zu Bestandsdifferenzen kommt, öfter inventarisiert werden als andere.

CC-FIX

Das Cycle-Counting-Kennzeichen wird normalerweise vom System berechnet und automatisch im Materialstamm eingetragen oder aktualisiert. Wenn Sie die automatische Aktualisierung nicht wünschen, setzen Sie dieses Kennzeichen, um den aktuellen Zustand zu fixieren.

MENGE WE-SCHEINE

Die an dieser Stelle angegebene Zahl berücksichtigt das System beim Wareneingang und druckt pro angegebener Menge an Material jeweils einen Warenbegleitschein. Wenn Sie in dieses Feld nichts eintragen, wird die Materialbelegposition nur auf einem einzelnen Warenbegleitschein gedruckt.

Fallbeispiel Gewindebolzen

Maschinenfabrik Zoller benötigt für die Produktion Gewindebolzen. Diese werden in der firmeneigenen Dreherei hergestellt. Nach der Produktion werden die Bolzen zu je 1.000 Stück in eine Metallkiste gelegt. Im Materialstamm sind daher 1.000 als *Menge WE-Scheine* eingetragen. Erfolgt nun ein Wareneingang über 9.800 Stück ins Lager, werden zehn Warenbegleitscheine gedruckt, die in die einzelnen Kisten gelegt werden: neun Warenbegleitscheine mit einer Menge von 1.000 Stück und einer mit 800 Stück.

ETIKETTIERUNGSART

Hier geben Sie an, ob für dieses Material die Etiketten beispielsweise vom Lieferanten vorgedruckt werden. Das Feld steuert im Wesentlichen den Etikettendruck.

ETIKFORM

Dieses Feld steuert das Layout bzw. die Größe des Etiketts. Damit legen Sie fest, ob es sich z. B. um ein Klebeetikett handelt.

GEN.CHRGPROT ERFORD./CHARGENVERWALTUNG/UC-FÜHRUNG/UC-REF. MATERIAL

Nähere Informationen zu diesen Feldern finden Sie in Abschnitt 4.4.1.

7.1.2 Haltbarkeitsdaten

! Mindesthaltbarkeitsprüfung

Die Mindesthaltbarkeitsprüfung muss im Werk aktiv sein. Über die Bewegungsart wird dann gesteuert, wie sich das System verhält, wenn die geforderte Haltbarkeit nicht gegeben ist. Die Prüfung findet in der Regel nur beim Wareneingang statt. Wenn das Mindesthaltbarkeitsdatum auch beim Warenausgang geprüft werden soll oder wenn Sie eine Bestandsliste mit Mindesthaltbarkeitsdatum benötigen, muss das Material in Chargen geführt werden. Bei Einsatz der Lagerverwaltung können Sie die Mindesthaltbarkeitsprüfung auch auf der Ebene der Lagernummer aktivieren. In diesem Fall sind Chargen nicht zwingend erforderlich.

MAX. LAGERUNGSZEIT

Dies ist ein werksspezifisches Feld, das angibt, wie lange das Produkt maximal gelagert werden darf. Der hier angezeigte Wert hat rein informativen Charakter.

ZEITEINHEIT

Ist im System eine maximale Lagerungszeit hinterlegt, wird hier die zugrunde liegende Zeiteinheit eingetragen.

MINDESTRESTLAUFZEIT

Hier hinterlegen Sie die Anzahl an Kalendertagen, Wochen, Monaten oder Jahren (je nachdem, welche Einheit Sie als Periodenkennzeichen verwenden), die das Material beim Wareneingang noch mindestens haltbar sein muss, damit der Wareneingang vom System akzeptiert wird.

GESAMTHALTBARKEIT

Dies ist der Zeitraum, in dem das Produkt haltbar ist, gemessen von der Herstellung bis zum Mindesthaltbarkeitsdatum. Sie müssen das Feld nur dann pflegen, wenn das Material kein Mindesthaltbarkeitsdatum hat. Wenn Sie beispielsweise eine Flasche Wein kaufen, ist dort nicht das Mindesthaltbarkeitsdatum, sondern das Herstelldatum angegeben. Dieses muss dann beim Wareneingang erfasst werden. Aus Herstelldatum und Gesamthaltbarkeit berechnet das System anschließend das Mindesthaltbarkeitsdatum und prüft dieses gegen die Mindestrestlaufzeit.

PERIODENKENNZ. MHD

Bei Verwendung der Mindestrestlaufzeit oder Gesamthaltbarkeit ist die Auswahl eines Periodenkennzeichens – also der Maßeinheit für die betreffende Periode – erforderlich.

RUNDUNGSREGEL MHD

Mit diesem Feld legen Sie die Rundungsregel für die Ermittlung der Mindesthaltbarkeit fest, sofern Sie eine andere Periode als »Tag« benutzen. Sie können damit festsetzen, auf welchen Tag einer Periode auf- bzw. abgerundet werden soll.

Rundungsregel für die Berechnung des MHD

Sie haben sich für das Periodenkennzeichen *M* (Monat) entschieden und Ihrem Produkt eine Gesamthaltbarkeit von *12* Monaten gegeben. Wenn Sie nun ein Produkt am 21.11.2023 herstellen und als Rundungsregel *Anfang der gewählten Periode (-)* selektieren, wird das System die Mindesthaltbarkeit auf den 01.11.2024 setzen. Haben Sie als Rundungsregel *Ende der gewählten Periode (+)* gewählt, wird das System die Mindesthaltbarkeit auf den 30.11.2024 datieren. Die dritte Möglichkeit wäre *Anfang der folgenden Periode (F)*, also der 01.12.2024.

LAGERPROZENTSATZ

Hier bestimmen Sie, wie viel Prozent der gesamten Restlaufzeit des Materials noch nicht abgelaufen sein dürfen, wenn es von einem zentralen Werk (z. B. Verteilzentrum) an ein anderes Werk (z. B. Filiale) geschickt werden soll.

MHD/VERFALLSD.

Hier legen Sie fest, ob das Mindesthaltbarkeitsdatum als solches oder als Verfallsdatum gewertet werden soll. Im letzteren Fall wäre das Material also nach Ablauf der Mindesthaltbarkeit nicht mehr zu gebrauchen. Der Eintrag in diesem Feld wird in der Chargenverwaltung eingesetzt.

7.2 Sicht »Werksdaten/Lagerung 2«

Die Sicht WERKSDATEN/LAGERUNG 2 (siehe Abbildung 7.2) besteht aus den Segmenten

- GEWICHT/VOLUMEN und
- ALLG. WERKSPARAMETER.

Die meisten Felder wurden bereits im Zusammenhang mit anderen Sichten beschrieben, werden allerdings hier angezeigt, da sie relevant für die Lagerungsdaten sind.

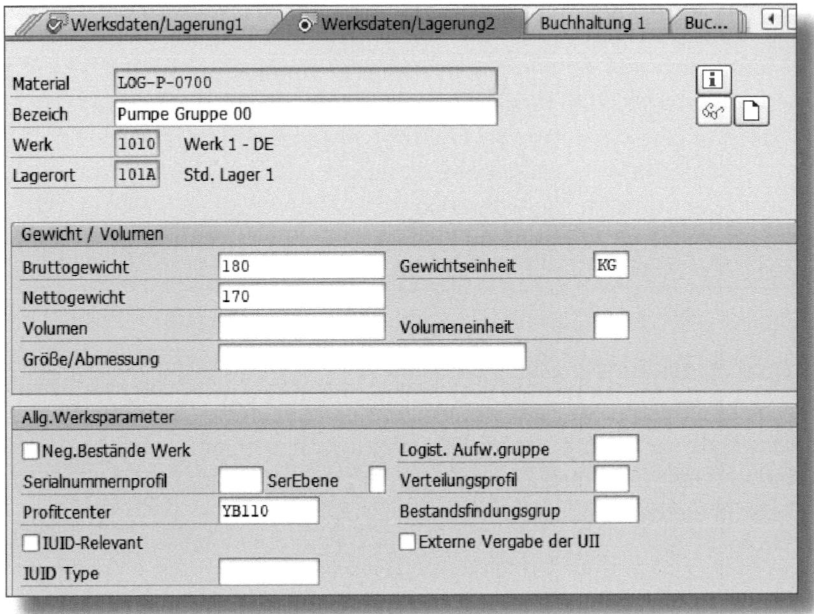

Abbildung 7.2: Sicht »Werksdaten/Lagerung 2«

7.2.1 Gewicht/Volumen

Die Felder in diesem Segment haben wir bereits im Rahmen der Grunddaten beschrieben. Sie wurden hier hinzugefügt, da sie eine wesentliche Rolle im Lagerungsprozess spielen. Nähere Informationen zu den Feldern entnehmen Sie bitte dem Abschnitt 3.2.3.

7.2.2 Allgemeine Werksparameter

Auch die Felder in diesem Segment wurden bis auf eine Ausnahme bereits erläutert. Nähere Informationen finden Sie in Abschnitt 4.4.4.

LOGIST. AUFW.GRUPPE

Mithilfe der *logistischen Aufwandsgruppe* können Sie die Arbeitslast bei der Kommissionierung berechnen. Beispiel: Das Kommissionieren von zerbrechlichen Materialien wie Flaschen dauert für dieselbe Anzahl an Paletten länger als für leere Getränkekisten. Sie ordnen daher Flaschen eine andere Aufwandsgruppe als Kisten zu. Die Arbeitslastberechnung kommt bei Groblastvorschau, Kommissionierwellen und bei der Verwendung von Soll-Daten in Transportaufträgen zum Einsatz.

Anlegen von Lagerortsichten

Sie können mit der Transaktion *MMSC* die Lagerortsichten für mehrere Lagerorte in einem Werk gesammelt anlegen. Noch einfacher ist die automatische Anlage. Hierfür muss diese Funktion im Customizing je Werk und Bewegungsart aktiviert werden; mit der ersten Zugangsbuchung auf einen Lagerort wird dann die Lagerortsicht vom System erstellt.

7.3 Sicht »Lagerverwaltung 1«

Die Sicht LAGERVERWALTUNG 1 (siehe Abbildung 7.3) beinhaltet die Segmente

- ALLGEMEINE DATEN und
- LAGERUNGSSTRATEGIEN.

An dieser Stelle tauchen wir das erste Mal tiefer in das *Warehouse Management* des SAP-Systems ein. Die Felder in den beiden genannten Segmenten werden verwendet, um u. a. Ein- und Auslagertypenkennzeichen zu definieren und Lagerplatzbestände zu verwalten.

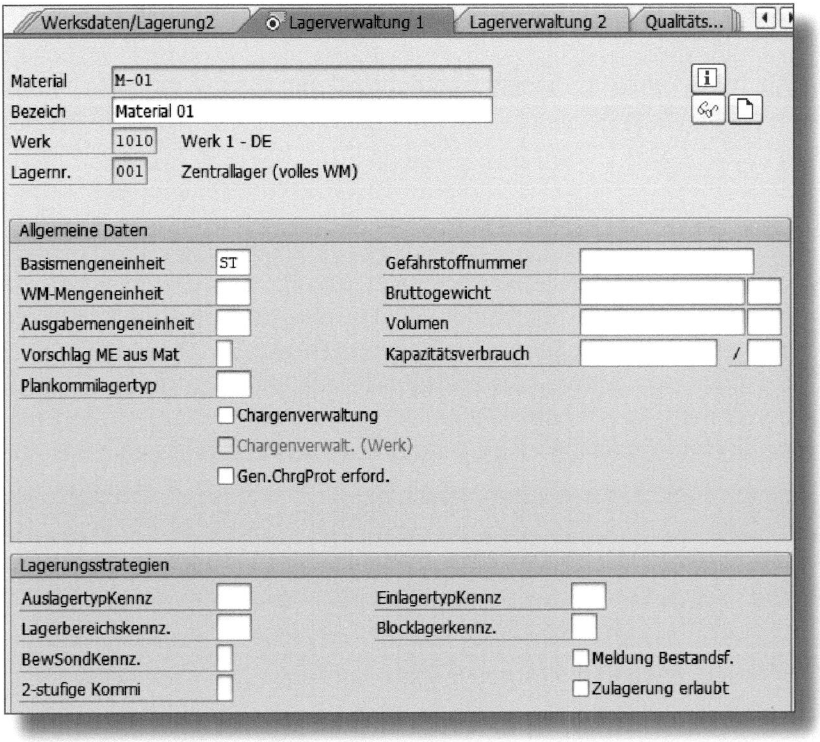

Abbildung 7.3: Sicht »Lagerverwaltung 1«

7.3.1 Allgemeine Daten

BASISMENGENEINHEIT

Nähere Informationen hierzu schlagen Sie bitte in Abschnitt 3.2.1 nach.

GEFAHRSTOFFNUMMER

Dieses Feld gehört zu den allgemeinen Daten der Bestandsführung und ist im Detail in Abschnitt 7.1.1 beschrieben.

WM-MENGENEINHEIT

Dies ist die Mengeneinheit, die von der Lagerverwaltung für das Material verwendet wird. Das Feld sollte nur gepflegt werden, wenn die WM-Mengeneinheit von der Basismengeneinheit oder der alternativen Mengeneinheit abweicht.

BRUTTOGEWICHT

Auch dieses Feld dient ausschließlich der Information in der Sicht »Disposition 1« der Lagerverwaltung und wurde bereits in Abschnitt 3.2.3 näher beschrieben.

AUSGABEMENGENEINHEIT

Hier wird angegeben, in welcher Mengeneinheit das Material vom Lager ausgegeben wird. Das Feld wurde in Abschnitt 7.1.1 im Einzelnen erläutert.

VOLUMEN

Ähnlich wie BRUTTOGEWICHT kann das Feld VOLUMEN helfen, die Lagerkapazität zu berechnen. Der einzige Unterschied ist, dass die Ermittlung der Lagerkapazität auf Basis des Rauminhalts und nicht des Gewichts erfolgt.

VORSCHLAG ME AUS MAT

Im Materialstamm können Sie für ein Material verschiedene Mengeneinheiten definieren. In der Regel wird pro Material nur eine einzige Mengeneinheit verwendet, aber alternative Mengeneinheiten sind möglich (siehe Kasten zu alternativen Mengeneinheiten in Abschnitt 3.2.1).

Sind diese gepflegt, können Sie dem System übermitteln, ob und welche alternative Mengeneinheit bei den Bestandsführungsprozessen verwendet werden soll.

KAPAZITÄTSVERBRAUCH

Über den Kapazitätsverbrauch eines Materials kann innerhalb der Lagerverwaltung bei der Einlagerung eine Kapazitätsprüfung erfolgen. Diese ist auf Lagertypebene zu aktivieren. Alle weiteren hierfür erforderlichen Einstellungen nehmen Sie im Customizing vor.

Wenn ein Lagerplatz beispielsweise eine Kapazität von 100 Einheiten hat und im Materialstamm ein Kapazitätsverbrauch von fünf Einheiten je Stück hinterlegt ist, prüft das System bei einer Einlagerung von zehn Stück, ob auf dem Lagerplatz noch 50 Einheiten eingelagert bzw. zugelagert werden können.

PLANKOMMILAGERTYP

Hier wählen Sie den Kommissionierlagertyp, der zur Grob- und Feinplanung verwendet wird. Ihre Auswahl hat keine Bedeutung für die Anlage von Transportaufträgen.

CHARGENVERWALTUNG/GEN.CHRGPROT ERFORD.

Erläuterungen zu diesen Feldern finden Sie in Abschnitt 4.4.1.

7.3.2 Lagerungsstrategien

AUSLAGERTYPKENNZ

Mit diesem Kennzeichen steuern Sie, dass das Material bei der Auslagerung bevorzugt aus einem bestimmten Lagertyp entnommen wird. Im Customizing können Sie bis zu zehn Lagertypen in hierarchischer Reihenfolge definieren.

EINLAGERTYPKENNZ

Analog dazu steuert dieses Kennzeichen, dass das Material bevorzugt in einen spezifischen Lagertyp eingelagert wird. Auch dafür können Sie im Customizing bis zu zehn Lagertypen in hierarchischer Reihenfolge bestimmen.

Beispiel Maschinenbau

Maschinenfabrik Meder betreibt ein Hochregallager. Dort sind mehrere Regale mit unterschiedlicher Gewichtsbelastbarkeit und Lagerplatzabmessung vorhanden. Diese Regale sind als Lagertypen angelegt. Abhängig vom Material legen die Mitarbeiter nun fest, welche Lagertypen für welches Material geeignet sind, und ordnen ihm ein entsprechendes Kennzeichen zu, mithilfe dessen die Strategie der Lagertypfindung ermittelt wird.

LAGERBEREICHSKENNZ.

Ähnlich wie die beiden vorherigen Kennzeichen steuert dieses, dass das Material bevorzugt in einem bestimmten Lagerbereich eingelagert wird. Als *Lagerbereich* wird dabei die logische oder physische Unterteilung eines Lagertyps verstanden, beispielsweise ist ein Bereich für Verpackungen denkbar.

BLOCKLAGERKENNZ.

Wenn Sie ein Blocklager verwenden, können Sie mit diesem Schlüssel die Klassifizierung von Materialien nach der Art und Weise ihrer Lagerung vornehmen.

BEWSONDKENNZ.

Mit dem *Bewegungssonderkennzeichen* Lagerverwaltung können Sie abweichende Regeln für die Bewegung von Material in Lagertypen festlegen. Wenn Sie etwa die Ware immer auf einem festen Lagertyp (z. B. Blocklager) vereinnahmen, können Sie für bestimmte Artikel bei Verwendung einer bestimmten Bewegungsart abweichende Lagertypen (z. B. Hochregallager) ansteuern.

MELDUNG BESTANDSF.

Sofern Sie ein dezentrales Lagerverwaltungssystem haben, aktivieren Sie mit diesem Kennzeichen die sofortige Datenübermittlung.

2-STUFIGE KOMMI

Über dieses Feld bestimmen Sie, ob bei dem gewählten Material eine *zweistufige Kommissionierung* angewandt werden soll.

Es gibt die Möglichkeit, die Kommissionierung »direkt« oder »zweistufig« durchzuführen. Wenn Sie z. B. eine große Sendung kommissionieren, die aus mehreren Lieferungen besteht, wählen Sie die letztere Option. Das System wird dann den zuständigen Mitarbeiter auffordern, zuerst die gesamte Menge und anschließend jede einzelne Lieferung zu kommissionieren. Auf diese Weise wird vermieden, dass der Mitarbeiter jedes Mal an das Regal fahren muss, um die Lieferungen einzeln zu kommissionieren.

Die Art der Kommissionierung ist oftmals vom Material abhängig: Einige Materialien lassen sich nur einzeln kommissionieren. Bei anderen hingegen läuft der gesamte Kommissioniervorgang mit der zweistufigen Methode effizienter ab.

ZULAGERUNG ERLAUBT

Mit dem Kennzeichen steuern Sie, ob einem bestimmten Material ein weiteres mit ähnlicher Ausprägung, das normalerweise auf einem anderen Platz liegt, hinzugelagert werden darf. Das Zulagern erlaubt eine effektivere Nutzung der Lagerflächen.

7.4 Sicht »Lagerverwaltung 2«

In der Sicht LAGERVERWALTUNG 2 (siehe Abbildung 7.4) werden lediglich die PALETTIERUNGSDATEN eingetragen. Diese dienen u. a. dazu, bei der Einlagerung mitzuteilen, wie die einzulagernde Menge auf Ladehilfsmittel (in der Regel Paletten) umzupacken ist.

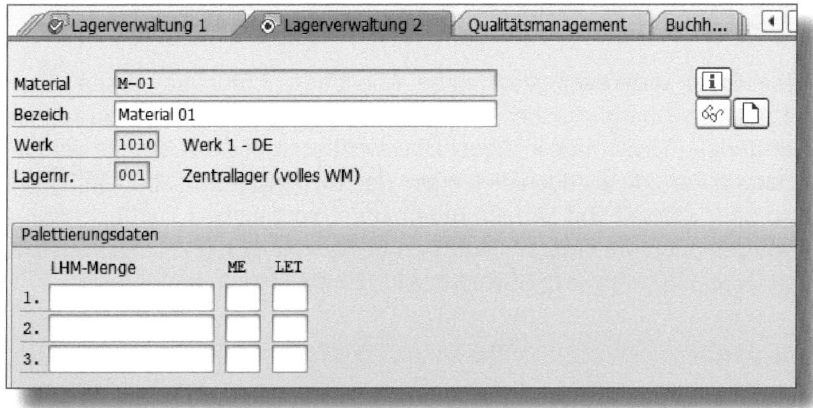

Abbildung 7.4: Sicht »Lagerverwaltung 2«

LHM-MENGE

Mithilfe der *Ladehilfsmittelmenge* legen Sie fest, wie die einzulagernde Menge auf Ladehilfsmittel umzupacken ist.

Wenn z. B. 200 Kartons einzulagern sind und Sie die LHM-MENGE 1 = *50 Kartons* selektiert haben, wird das System Ihnen vorschlagen, dafür 4 Ladehilfsmittel (Europaletten, Einwegpaletten etc.) mit jeweils 50 Kartons zu verwenden.

ME

In diesem Feld wählen Sie die *Mengeneinheit* für die erste Ladehilfsmittelmenge aus (z. B. *KAR* für Karton).

LET

Mit dem Schlüssel *Lagereinheitentypen* klassifizieren Sie Lagereinheiten und fassen sie zusammen – beispielsweise können Sie alle Paletten, die nicht höher als zwei Meter zu bepacken sind, einem Typ zuordnen.

7.5 Sicht »Werksbestand«

Die Sicht WERKSBESTAND (siehe Abbildung 7.5) bietet Ihnen einen schnellen Überblick über die aktuelle Werksbestandssituation eines Materials. Sie können in dieser Übersicht sowohl die Bestände der laufenden Periode als auch diejenigen der Vorperiode einsehen und diese so sehr schnell und einfach miteinander vergleichen. Darüber hinaus werden auch die unterschiedlichen Bestandstypen (FREI VERWENDBAR, IN QUALITÄTSPRÜFUNG, GESPERRT etc.) übersichtlich dargestellt.

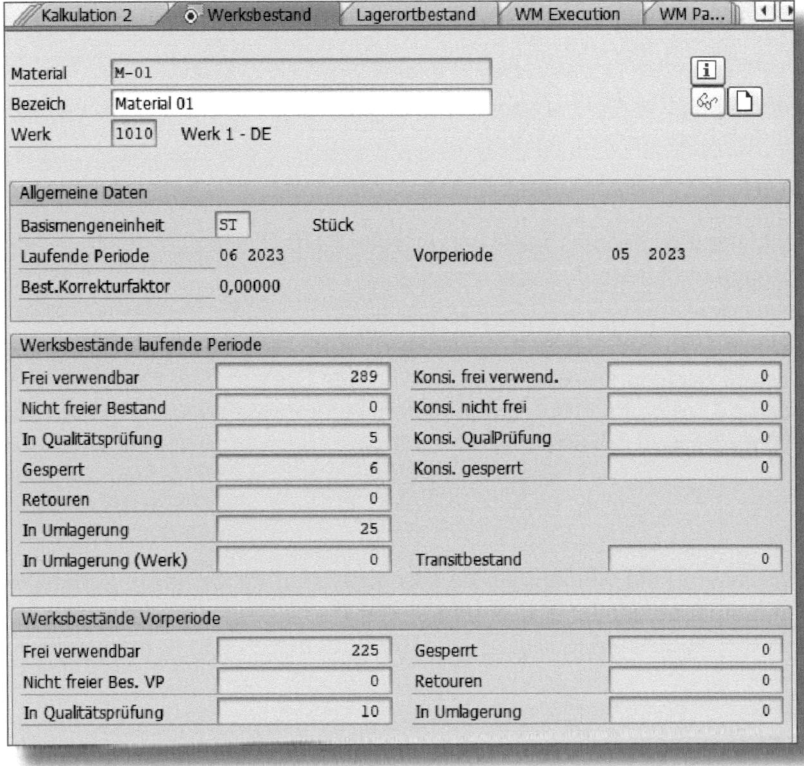
Kalkulation 2 | Werksbestand | Lagerortbestand | WM Execution | WM Pa...

Material: M-01
Bezeich: Material 01
Werk: 1010 Werk 1 - DE

Allgemeine Daten

Basismengeneinheit: ST Stück
Laufende Periode: 06 2023 | Vorperiode: 05 2023
Best.Korrekturfaktor: 0,00000

Werksbestände laufende Periode

Frei verwendbar	289	Konsi. frei verwend.	0
Nicht freier Bestand	0	Konsi. nicht frei	0
In Qualitätsprüfung	5	Konsi. QualPrüfung	0
Gesperrt	6	Konsi. gesperrt	0
Retouren	0		
In Umlagerung	25		
In Umlagerung (Werk)	0	Transitbestand	0

Werksbestände Vorperiode

Frei verwendbar	225	Gesperrt	0
Nicht freier Bes. VP	0	Retouren	0
In Qualitätsprüfung	10	In Umlagerung	0

Abbildung 7.5: Sicht »Werksbestand«

7.6 Sicht »Lagerortbestand«

Die Sicht LAGERORTBESTAND (siehe Abbildung 7.6) hat dieselbe Funktion wie die Sicht zum Werksbestand, allerdings bezieht sich dieser Screen auf die Materialbestände eines bestimmten Lagerorts. Ähnlich wie beim Werksbestand können Sie an dieser Stelle die laufende mit der vorherigen Periode vergleichen. So lässt sich beispielsweise auswerten, wie sich der gesperrte Bestand der aktuellen im Vergleich zu der vorherigen Periode entwickelt hat und ob Sie ggf. (Gegen-)Maßnahmen daraus ableiten müssen.

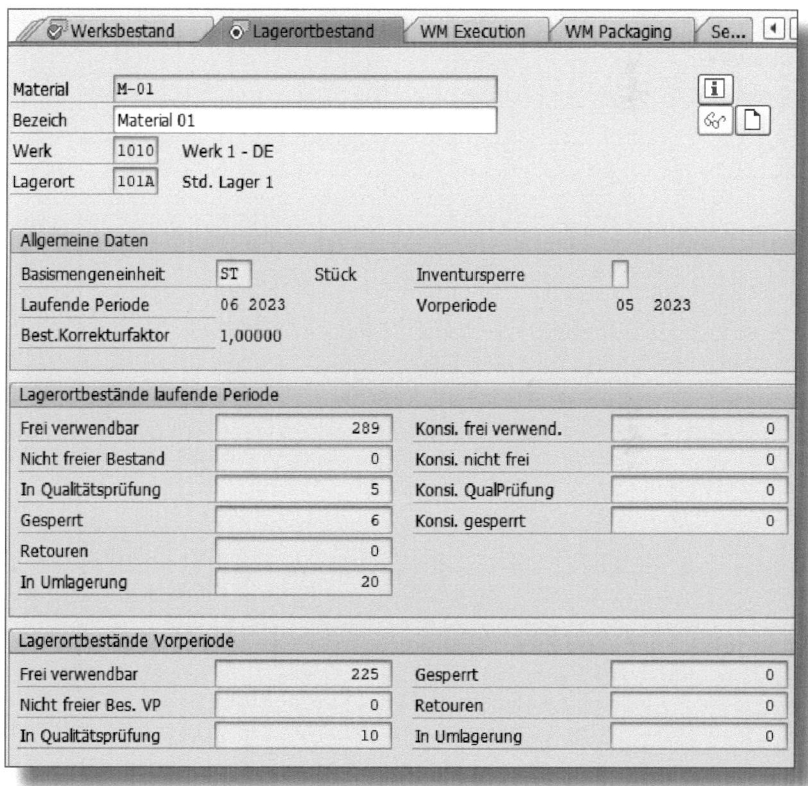

Abbildung 7.6: Sicht »Lagerortbestand«

7.7 Persönliche Anmerkung

Wie in Abschnitt 7.4 beschrieben, bietet SAP WM weitreichende Funktionalitäten, um die Prozesse im Lager zu optimieren. Das System gibt direkt nach dem Wareneingangsprozess Informationen darüber aus, an welcher Stelle das Material am besten einzulagern ist und auf wie viele Lagereinheitstypen (Paletten etc.) die Sendung umgepackt werden sollte.

Warehouse Management ist ein sehr komplexes Thema, das mit einer soliden Logik aufgebaut werden muss, damit die Prozesse reibungslos funktionieren und es sich positiv auf das operative Tagesgeschäft auswirkt.

8 Qualitätsmanagement

In diesem Kapitel widmen wir uns den SAP-Stammdaten rund um das Thema Qualität. Wir werden beschreiben, wie die Prüfeinstellungen zu einem Material vorgenommen werden, und die Abhängigkeiten zwischen Stamm- und Beschaffungsdaten aus Qualitätssicht erläutern.

Wenn wir die bisherigen Kapitel noch einmal Revue passieren lassen, so haben wir schon gesehen, wie ein Materialstamm initial entsteht, welche Felder relevant sind, um das Material vertriebsfähig zu machen, wie Planung und Disposition sowie Lagerung und Bestandsführung erfolgen bzw. welche Felder relevant sind, um ein Material in der Produktion physisch entstehen zu lassen.

Nun schauen wir uns einen ebenfalls wichtigen Bereich der Materialstammdaten an, der am Anfang oder am Ende der Kette sicherstellt, dass alle Produkte unseren qualitativen Anforderungen und denen unserer Kunden entsprechen. Denn schlussendlich geht es darum, die Kundenzufriedenheit auf einem hohen Niveau zu halten. Das gelingt nur, wenn das Produkt die geforderten qualitativen Ansprüche erfüllt. Hierzu muss natürlich auch die Qualität der fremdbeschafften Artikel stimmen.

8.1 Sicht »Qualitätsmanagement«

Die Stammdaten des Qualitätsmanagements sind auf einer Sicht im Materialstamm gruppiert (siehe Abbildung 8.1). Diese umfasst die Segmente

- ALLGEMEINE DATEN und
- BESCHAFFUNGSDATEN.

Die ALLGEMEINEN DATEN schließen sowohl Felder, die wir bereits in vorherigen Kapiteln näher betrachtet haben, als auch Felder zur Einstellung der Prüfung für das Material ein. Die BESCHAFFUNGSDATEN hingegen beinhalten hauptsächlich Felder, die angeben, welche Dokumente benötigt werden, um ein fremdbeschafftes Produkt zu vereinnahmen.

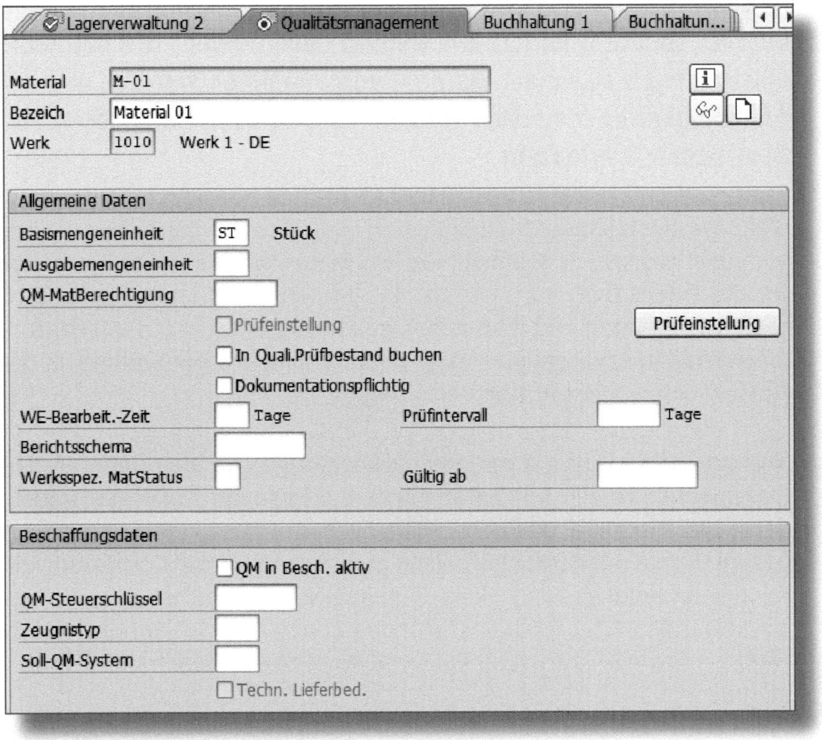

Abbildung 8.1: Sicht »Qualitätsmanagement«

8.1.1 Allgemeine Daten

BASISMENGENEINHEIT

Dieses Feld finden Sie in Abschnitt 3.2.1 beschrieben.

AUSGABEMENGENEINHEIT

Hier wird eingetragen, in welcher Mengeneinheit das Material vom Lager ausgegeben wird. Weitere Informationen zu diesem Feld finden Sie in Abschnitt 7.1.1.

QM-MATBERECHTIGUNG

Mit der *QM-Materialberechtigungsgruppe* können Sie die Rechte der Benutzer einschränken, wenn diese auf materialbezogene Daten des Qualitätsmanagements zugreifen. Dies kann beispielsweise das Bearbeiten von Prüflosen sein. Die Materialberechtigungsgruppen werden im Customizing definiert. Das Berechtigungsobjekt, das die Berechtigung prüft, ist *Q_MATERIAL*.

PRÜFEINSTELLUNG (Kennzeichen)

Dieses Kennzeichen wird automatisch vom System gesetzt, wenn Sie Prüfeinstellungen für das jeweilige Material definiert haben. Es gibt Ihnen die Möglichkeit, schnell die Produkte zu identifizieren, zu denen Prüfeinstellungen gepflegt sind, ohne jedes Mal in die Prüfeinstellungssicht springen zu müssen.

PRÜFEINSTELLUNG (Button)

Mit Klick auf diesen Button gelangen Sie auf den Bildschirm für die Prüfeinstellungen (siehe Abbildung 8.2). Darin können Sie die PRÜFARTEN eintragen und deren Detailinformationen pflegen. Es ist möglich, dass Sie mehrere Prüfarten für ein Material pflegen.

Sie können u. a. entscheiden, ob ein Material nach dem Buchen im Q-BESTAND landen soll und ob eine 100 %-PRÜFUNG oder nur eine stichprobenartige Prüfung stattfinden soll. Fernerhin wählen Sie, ob eine Prüfung mit Materialspezifikationen (MAT.SPEZ.) durchgeführt werden muss und ob Sie eine dynamische Prüfregel erlauben. Im letzteren Fall ändert sich der Prüfumfang abhängig von den Prüfergebnissen.

Werk 1010 Material M-33 : Prüfeinstellung

Prüfarten

S...	Prüfart	Kurztext	Bevorzugte Prüfart	Aktiv	De
☑	01	Eingangsprüfung beim WE zur Bestellung	☐	☑	

Prüfart 01 Eingangsprüfung beim WE zur Bestellung

Detailinformationen zur Prüfart

In Q-Bestand buchen	☑	StichprobVerf.		Serialnummern mögl.	☐
Prüfung der HU	☐	100%-Prüfung	☐	Mittlere Prüfdauer	
Prüfen mit Mat.Spez.	☐	Prüfprozentsatz		QKZ-Verfahren	06 Aus Verwend...
Prüfen mit Plan	☑	StPrBerechn. manuell	☐	Zul. Ausschussanteil	
Prüfen nach Konfig.	☐	Stichprobe manuell	☐	Strg. Loserzeugung	je Materialbeleg...
		DynamisierRegel		Individ. QM-Auftrag	☐
Autom.Vorgabenzuord.	☑	Skips erlaubt	☑	QM-Auftrag	
Merkmale prüfen	☑	Autom. VerwEntscheid	☑	Prüfloszusammenfass.	Eine Prüfung fü...

Prüfarten Prüfart

Abbildung 8.2 : Prüfeinstellungen im Qualitätsmanagement

IN QUALI.PRÜFBESTAND BUCHEN

Dieses Feld (siehe Abbildung 8.1) kennen Sie schon aus der Einkaufs- oder Arbeitsvorbereitungssicht (siehe Abschnitt 5.1.3 und 6.7.1). Wenn Sie eine bestandsrelevante Prüfart aktivieren, wird der Eintrag in diesem Feld zurückgenommen und ist in der Folge nicht mehr pflegbar. In diesem Fall wird über ein entsprechendes Kennzeichen in der Prüfart gesteuert, ob in den Qualitätsprüfbestand gebucht werden soll.

DOKUMENTATIONSPFLICHTIG

Mit dem Setzen dieses Kennzeichens bewirken Sie, dass Änderungen an Prüflosen für dieses Material vom System dokumentiert werden. Es werden Änderungsbelege erzeugt, die beispielsweise Verwendungsentscheide in einem Prüflos aufzeichnen.

WE-BEARBEIT.-ZEIT

Nähere Informationen zu diesem Feld entnehmen Sie bitte Abschnitt 5.1.3.

PRÜFINTERVALL

Dieser Wert gibt den zeitlichen Abstand zwischen wiederkehrenden Prüfungen an. Das Intervall wird bei Chargen verwendet, sofern diese in regelmäßigen Abständen geprüft werden müssen. Die Prüfung erfolgt hier also nicht nur beim Wareneingang, sondern auch während der gesamten Lagerdauer.

BERICHTSSCHEMA

Das Berichtsschema wird im Customizing definiert und dem Materialstamm oder einer Meldungsart zugewiesen. Es handelt sich um eine Kombination aus Codegruppen aus mehreren Katalogen und kann genutzt werden, um Nonkonformitäten zu dokumentieren. Beispielsweise kann vorgesehen sein, dass bestimmte Qualitätsmeldungen zu Mängelrügen an den Lieferanten führen.

WERKSSPEZ. MATSTATUS/GÜLTIG AB

Die Bedeutung dieser beiden Felder ist in Abschnitt 5.1.1 erklärt.

8.1.2 Beschaffungsdaten

QM IN BESCH. AKTIV

Mit dem Setzen dieses Kennzeichens aktivieren Sie das Qualitätsmanagement in der Beschaffung, und zwar für alle Werke, da es sich um ein globales Feld handelt. Sofern Sie sich dafür entscheiden, müssen Sie noch die QM-Steuerschlüssel in den jeweiligen Werken definieren. Wenn das Kennzeichen gesetzt ist, greift auch eine Sperre aus Qualitätsgründen aus dem Lieferantenstammsatz für dieses Material.

QM-STEUERSCHLÜSSEL

Bei aktiver QM-Beschaffung müssen Sie den QM-Steuerschlüssel definieren und auswählen. Dieser steuert, welche Bedingungen für das Qualitätsmanagement in der Beschaffung gelten.

> **Fallbeispiel Rechnungssperre**
>
> Die Elektronikfirma Schmidt liefert einen höchst anspruchsvollen Sensor. Bevor dieser in die Produktion integriert wird, durchläuft er einen mehrtägigen Test. Die Bezahlung der Rechnung soll erst erfolgen, wenn es einen positiven Verwendungsentscheid für das bei der Lieferung erzeugte Prüflos gibt. Mit einem entsprechenden QM-Steuerschlüssel (im Standard *0007*) erreichen Sie, dass eine Rechnung für diese Lieferung automatisch gesperrt wird, wenn der positive Verwendungsentscheid noch nicht vorliegt. Wird dieser dann später erteilt, hebt das System die Rechnungssperre auf.

ZEUGNISTYP

Mit dem *Zeugnistyp* definieren Sie den Inhalt eines Qualitätszeugnisses im Rahmen der Beschaffung oder Zeugniserstellung. Bei der Beschaffung beispielsweise sind mehrere Funktionen steuerbar, die im Customizing definiert werden können, wie z. B. Werksprüfzeugnisse oder Abnahmeprüfprotokolle. Der Zeugnistyp ist nur in Verbindung mit dem Kennzeichen QM IN BESCH. AKTIV wirksam.

SOLL-QM-SYSTEM

Wenn Sie einen fremdbeschafften Artikel bestellen, prüft das System, ob das im Lieferantenstamm hinterlegte QM-System mit dem im Materialstamm eingetragenen übereinstimmt. Wenn das nicht der Fall ist, gibt das System einen Hinweis aus, der besagt, dass der Lieferant möglicherweise ein anderes QM-System verwendet. Mit einem Eintrag können Sie beispielsweise sicherstellen, dass alle Artikel von Lieferanten beschafft werden, die gewisse Kriterien erfüllen, wie etwa die ISO-Zertifizierung.

TECHN. LIEFERBED.

Ist dieses Feld angekreuzt, bedeutet dies, dass dem Material *technische Lieferbedingungen* zugeordnet sind. Das Kennzeichen wird automatisch gesetzt, wenn die SAP-Dokumentenverwaltung aktiviert ist und ein Steuerschlüssel verwendet wird, der technische Lieferbedingungen erfordert.

8.2 Persönliche Anmerkung

Im operativen Tagesgeschäft können Prüfeinstellungen teilweise Verzögerungen auslösen, da manchmal eine ganze Fertigungscharge so lange auf die Qualitätsprüfung warten muss, bis ein Verwendungsentscheid getroffen und das Ergebnis dokumentiert wurde. Dennoch sind diese Prüfungen enorm wichtig, denn der potenzielle Schaden, verursacht durch ein an die Kunden geliefertes minderwertiges Produkt, steht in keinem Verhältnis zum Prüfaufwand.

Viele Firmen treffen auch Qualitätsvereinbarungen mit ihren Lieferanten. Dabei wird häufig eine Parts-per-million(PPM)-Rate vereinbart, die besagt, wie viele von einer Million Teilen schlecht sein dürfen. Teilweise wird auch komplett auf die eigene Qualitätsprüfung verzichtet, und der Lieferant muss alle Kosten tragen, die durch die mangelhafte Qualität seiner Produkte entstehen.

Als Verbraucher erleben wir in Gestalt zahlreicher Rückrufaktionen, dass Qualitätswesen zwar häufig auf dem Papier wunderbar funktioniert, in der Praxis aber trotzdem nicht zwingend gegeben ist. Das liegt dann zumeist an Nachlässigkeiten in der Qualitätsprüfung. Ein starker Anstoß, es besser zu machen!

9 Rechnungswesen

Mit den Sichten des Rechnungswesens verlassen wir die Logistik. Sie finden im Folgenden Informationen zur Kontenfindung, Bewertung und Kalkulation, die eher für die Buchhalter und Controller von Belang sind.

SAP S/4HANA ist ein integriertes System, und die Integration zeigt sich am deutlichsten bei den Werteflüssen. Wann immer Sie eine Materialbewegung in der Logistik buchen, werden dabei in aller Regel auch Belege im Rechnungswesen erzeugt, die sich direkt auf die GuV und die Bilanz Ihres Unternehmens auswirken. Deshalb ist es von elementarer Bedeutung, dass auch die Kontierungs- und Bewertungsdaten der Materialien korrekt sind.

Da Sie es hier mit dem *externen Rechnungswesen* und somit dem Erfüllen von steuer- und handelsrechtlichen Vorgaben zu tun haben, stellt sich an dieser Stelle nicht die Frage, ob es sinnvoll ist, die nachfolgend beschriebenen Sichten zu verwenden. Sofern Sie nicht mit unbewerteten Materialien arbeiten, müssen Sie für jedes Ihrer Materialien die Buchhaltungsdaten pflegen; falls Sie eigene Produkte herstellen, werden Sie für diese Materialien zusätzlich die Kalkulationssichten benötigen.

In den vier Sichten der Materialstammdaten werden wir Ihnen u. a. Felder erläutern, die beispielsweise für Plankalkulationen und Bewertungen relevant sind. Wir werden Ihnen außerdem darlegen, welche Bedeutung die Preissteuerung hat und welche Vor- und Nachteile der Standardpreis bzw. der gleitende Durchschnittspreis mit sich bringen.

9.1 Sicht »Buchhaltung 1«

Die Sicht BUCHHALTUNG 1 (siehe Abbildung 9.1) beinhaltet die Segmente

- ALLGEMEINE BEWERTUNGSDATEN und
- PREISE UND WERTE.

Während im ersten Bereich generelle Angaben wie die Basismengeneinheit oder die Währung hinterlegt sind, geht es im zweiten Segment bereits um die tatsächliche Bewertung des Produkts. Hier werden u. a. der gleitende Preis und der STANDARDPREIS bestimmt, die dann in die Bestandsbewertung eingehen.

Die Daten der Segmente werden für die aktuelle Periode, die Vorperiode und die letzte Periode des vorigen Geschäftsjahres auf einzelnen Registerkarten angezeigt.

Verpflichtendes Material-Ledger

Mit SAP S/4HANA wurde das Material-Ledger für alle bewerteten Materialien verpflichtend. Das Material-Ledger ist eine einzelpostengenaue Aufzeichnung aller bewertungsrelevanten Vorgänge zu einem Material, wie z. B. Wareneingänge, Warenausgänge, Rechnungseingänge und Abrechnung von Fertigungsaufträgen. Darüber hinaus können mithilfe des Material-Ledger bis zu drei Währungen für die Bewertung parallel genutzt werden.

Periode 006.2023 | Periode 005.2023 | Periode 012.2022 | Zukünftige Kalk.

Allgemeine Bewertungsdaten

Gesamtbestand	47	Basis-ME	ST Stück
Sparte		Bewertungstyp	
Bewertungskl.	7920	Bewertete ME	
BKl. KdAuftrag		ML aktiv	Materialpreisanalyse
BKlasse Projekt		Preisermittlung	2 Vorgangsbezogen

Preise und Werte

Währungstyp	Buchungskreiswährung	Konzernwährung
Ledger	0L	0L
Währung	Buchungskreiswährung	Konzernwährung
Bewertungssicht	Gesetzlich	Gesetzlich
Währungsschlüssel	EUR	USD
Standardpreis	537,39	654,28
Preiseinheit	1	1
Preissteuerung	S	S
Bestandswert	25.257,33	30.751,16
Zukünft. Preis		
Preis gültig ab		
Vorheriger Preis	2.500,00	
Letzte Preisänd.	17.03.2023	Kostenelemente

Abbildung 9.1: Sicht »Buchhaltung 1«

9.1.1 Allgemeine Bewertungsdaten

GESAMTBESTAND

Hier wird die Gesamtmenge der bewerteten Bestände des Materials angezeigt, die denselben Bewertungskriterien unterliegen. Die Bewertungskriterien sind zum einen der Bewertungskreis und zum anderen die Bewertungsart.

BASIS-ME

Auch an dieser Stelle wird auf die *Basismengeneinheit* referenziert, da sie für die Bewertung eines Materials relevant ist. Nähere Informationen zu dem Feld finden Sie in Abschnitt 3.2.1.

SPARTE

Die Sparte wird von den Grunddaten übernommen (siehe Abschnitt 3.2.1).

BEWERTUNGSTYP

Mit diesem Feld steuern Sie, ob die Bestände eines Materials einheitlich oder getrennt bewertet werden. Wenn Sie beispielsweise das Material sowohl herstellen als auch zukaufen, können die unterschiedlichen Bestände separat bewertet werden, je nachdem, wie das Material beschafft wurde.

BEWERTUNGSKL.

Die *Bewertungsklasse* klassifiziert das Material für die MM-Kontenfindung. Je nach Buchungsvorgang (z. B. Bestandsbuchung, Verbrauchsbuchung, Inventurdifferenz) können Sie in Abhängigkeit von der Bewertungsklasse unterschiedliche Sachkonten hinterlegen, die im Zusammenhang mit dem Material bebucht werden sollen.

Bewertungsklasse und Materialart

Materialarten und Bewertungsklassen scheinen auf den ersten Blick denselben Zweck zu erfüllen, sind aber technisch in SAP unterschiedliche Felder. Die Materialart hat ausschließlich Auswirkungen auf die logistischen Funktionen, die für ein Material erlaubt sind, während die Bewertungsklasse nur für die Kontenfindung herangezogen wird.

BKL. KDAUFTRAG

Die *Bewertungsklasse für Kundenauftragsbestand* hat dieselbe Funktion wie die Bewertungsklasse. Allerdings gibt das System Ihnen an dieser Stelle die Möglichkeit, eine andere Bewertungsklasse zu hinterlegen, sofern das Produkt in einem Kundeneinzelbestand geführt wird. Für Auswertungszwecke kann es durchaus sinnvoll sein, die Kundeneinzelbestände separat zu betrachten.

BKLASSE PROJEKT

Wie auch bei Kundenauftragsbeständen können Sie eine separate *Bewertungsklasse für Projektbestände* eintragen, um diese auf einem gesonderten Bestandskonto auszuweisen.

BEWERTETE ME

Das Kennzeichen kann nur für chargenpflichtige Materialien gesetzt werden. Wenn es gesetzt ist, lässt sich für eine chargenspezifische Mengeneinheit in der Transaktion *MWB1* ein Bewertungspreis hinterlegen.

ML AKTIV

Das Kennzeichen, das anzeigt, dass das Material-Ledger aktiv ist, wird in SAP S/4HANA für alle bewerteten Materialien automatisch markiert und ist nicht änderbar.

MATERIALPREISANALYSE

Über diese Schaltfläche kommen Sie zur gleichnamigen Analyse. Dort sehen Sie die Veränderungen des gleitenden Durchschnittspreises für jeden bewertungsrelevanten Vorgang. Damit haben Sie die Möglichkeit, unerklärliche Preisänderungen nachzuvollziehen.

Fallbeispiel Obst

Handelsunternehmen Fresas kauft Erdbeeren zum Tagespreis und gibt sie in der Regel sofort an die Märkte weiter. Bei der Bestellung ist der Preis oft noch nicht bekannt, sondern wird erst mit der Lieferung und Rechnung festgelegt. Weicht der Rechnungspreis nach oben vom Bestellpreis ab, wird die Differenz auf das Bestandskonto gebucht und erhöht damit den Bestandswert und den gleitenden Durchschnittspreis. Dabei wird nur die Rechnungsmenge gegen die Bestandsmenge geprüft. Stammt der Bestand aus einer anderen Bestellung zu einem anderen Preis, wird der gleitende Durchschnittspreis verfälscht. Mithilfe der Materialpreisanalyse kann Fresas herausfinden, bei welcher Buchung dies geschehen ist.

PREISERMITTLUNG

Sie haben folgende Möglichkeiten:

- In der *vorgangsbezogenen* Materialpreisermittlung *(2)* wird bei Preissteuerung »V« (siehe Abschnitt 9.1.2) das Material mit dem gleitenden Durchschnittspreis bewertet, bei Preissteuerung »S« mit dem Standardpreis. Der gleitende Durchschnittspreis wird zu Informationszwecken berechnet.
- Bei der ein-/mehrstufigen Preisermittlung *(3)* bleibt der Bewertungspreis (Standardpreis) unverändert, für die Materialbewertung der abgeschlossenen Periode wird ein periodischer Verrechnungspreis ermittelt.

9.1.2 Preise und Werte

WÄHRUNGSSCHLÜSSEL

Ihre Bestände werden immer in der Währung des Buchungskreises geführt; diese Währung wird an dieser Stelle entsprechend angezeigt. Zusätzlich sehen Sie maximal zwei weitere Währungsschlüssel, die im

Material-Ledger definiert sind. Welche Währungen angezeigt werden sollen, legen Sie im Customizing fest. Dort ordnen Sie die Währungen einem Material-Ledger-Typ zu, den Sie wiederum mit den einzelnen Bewertungskreisen verknüpfen. Der Bewertungskreis entspricht dabei dem Werk.

PREISSTEUERUNG

In diesem Feld geben Sie vor, wie das Material bewertet wird: Man kann zwischen der Bewertung nach *Standardpreis (S)* oder nach *periodischem Verrechnungspreis (V)* wählen. Je nach der hier eingetragenen Preissteuerung steht der gültige Preis für das Material dann im entsprechenden Feld PERIODISCHER VERRECHNUNGSPREIS oder STANDARDPREIS.

Wenn Sie ein Material zum Standardpreis führen, tragen Sie diesen Wert entweder manuell im Materialstamm ein, oder ermitteln Sie ihn über die Produktkalkulation automatisch anhand des Mengengerüsts. Der Standardpreis bleibt dann so lange konstant, bis Sie ihn erneut ändern. Eine manuelle Änderung im Materialstamm ist nach dem Anlegen nicht mehr möglich, da dies zu einer Umbewertung der Bestände führen würde. Sie müssen für die Preisänderung daher die Transaktion *MR21* verwenden.

☛ Preissteuerung nach Standardpreis

Eine Preissteuerung nach Standardpreis ist für diejenigen Materialien sinnvoll, die Sie selbst fertigen.

In der Fertigung dient der *Standardpreis* als Vergleichswert bei der Analyse, an welchen Stellen im Wertschöpfungsprozess die Kosten vom Plan abweichen. Im Vertrieb ist der Standardpreis die notwendige Grundlage für die Margenermittlung. Indem man den Herstellpreis für ein Produkt über den Geschäftszeitraum hinweg konstant hält, wird die Vertriebsmarge ausschließlich vom erzielten Verkaufserlös bestimmt. Sie spiegelt so den Geschäftserfolg des Vertriebs wider und wird nicht durch Schwankungen im Herstellpreis beeinflusst, die der Vertrieb nicht zu verantworten hat.

Wann immer Sie einen Wareneingang (z. B. aufgrund eines Fertigungsauftrags oder einer Bestellung) zu einem Material mit Standardpreissteuerung mit einem Wert buchen, der vom Standardpreis abweicht, wird das Material dennoch zum Standardpreis ans Lager gebucht. Die Differenz zum Standardpreis wird als *Preisdifferenz* auf ein entsprechendes GuV-Konto gebucht.

Wählen Sie für ein Material hingegen eine Bewertung zum *gleitenden Durchschnittspreis*, passt das System den Preis des Materials automatisch an, wann immer eine Zugangsbuchung zu einem abweichenden Preis erfolgt.

Der Vorteil der Bewertung zum gleitenden Durchschnittspreis liegt darin, dass die betroffenen Materialien zu jedem Zeitpunkt mit einem aktuellen Marktpreis bewertet sind. In der Regel ist es empfehlenswert, Kaufteile (also Rohstoffe und Handelswaren) zum gleitenden Durchschnittspreis zu führen. Bei Handelswaren können Sie dann zeitnah den Deckungsbeitrag ermitteln, den Sie mit dem Wiederverkauf der Ware erzielen, während Preisschwankungen bei Rohstoffen zu Abweichungen in der Fertigung führen, die Sie analysieren können.

Die Bewertung von Kaufteilen zum Standardpreis empfiehlt sich nur dann, wenn Sie den Erfolg Ihrer Einkaufsabteilung daran messen wollen, ob sie in der Lage ist, benötigte Teile zu einem bestimmten vorgegebenen Preis zu beschaffen.

PREISEINHEIT

Dies ist die Anzahl an Mengeneinheiten, auf die sich der Standardpreis oder der gleitende Durchschnittspreis bezieht. Kosten beispielsweise Unterlegscheiben pro 1.000 Stück 1,98 EUR, ist es sinnvoll, die Preiseinheit für dieses Material auf 1.000 festzulegen, da maximal zwei Dezimalstellen erlaubt sind und daher ein Preis von 0,00198 EUR pro Stück nicht abbildbar ist.

BESTANDSWERT

Hier wird der Wert des gesamten bewerteten Bestands für dieses Material angezeigt. Er berechnet sich aus dem Gesamtbestand, multipliziert mit dem Bewertungspreis.

ZUKÜNFT. PREIS

Wenn Sie eine Produktkalkulation für das Material durchgeführt und diese Kalkulation vorgemerkt haben, zeigt das System den daraus errechneten *zukünftigen Preis* an dieser Stelle an. Sie können den zukünftigen Preis aber auch manuell pflegen.

PREIS GÜLTIG AB

Dieses Feld bezieht sich auf ZUKÜNFT. PREIS und gibt an, ab wann dieser gültig ist. Der Preis wird aber an diesem Tag nicht automatisch geändert, sondern muss mit der Transaktion *CKME* aktiviert werden.

VORHERIGER PREIS

An dieser Stelle wird der zuletzt gültige Preis angezeigt.

LETZTE PREISÄND.

Entsprechend wird hier das Datum der *letzten Preisänderung* angezeigt.

KOSTENELEMENTE

Bei Materialien mit Standardpreis und Preisermittlung *3* (ein-/mehrstufig) sehen Sie hier, aus welchen Kostenelementen sich der Standardpreis zusammensetzt.

☛ Buchhaltungssichten bei getrennter Bewertung

Wenn Sie auf der Buchhaltungssicht einen Bewertungstyp eintragen, aktivieren Sie damit die getrennte Bewertung für das Material im Bewertungskreis. In diesem Fall muss auf der Buchhaltungssicht ohne Bewertungsart die Preissteuerung *V* verwendet werden. Das System fasst in dieser Sicht dann die Bestände und Werte aller Bewertungsarten zusammen. Für jede Bewertungsart muss zusätzlich eine eigene Buchhaltungssicht angelegt werden (Ausnahme: Bei Chargeneinzelbewertung kann die Bewertungssicht automatisch vom System generiert werden, wenn dies im Customizing festgelegt ist). In den bewertungsartspezifischen Buchhaltungssichten können Sie Preissteuerung *S* oder *V* verwenden.

9.2 Sicht »Buchhaltung 2«

Die Sicht BUCHHALTUNG 2 (siehe Abbildung 9.2) besteht aus den beiden Segmenten

- NIEDERSTWERTERMITTLUNG und
- LIFO-DATEN.

Die Angaben zur *Niederstwertermittlung* werden für Steuerzwecke gebraucht. Die Felder im Segment LIFO-DATEN werden benötigt, wenn Sie sich in einem Last-in-/First-out- oder First-in/First-out-Szenario (siehe Abschnitt 9.2.2) bewegen.

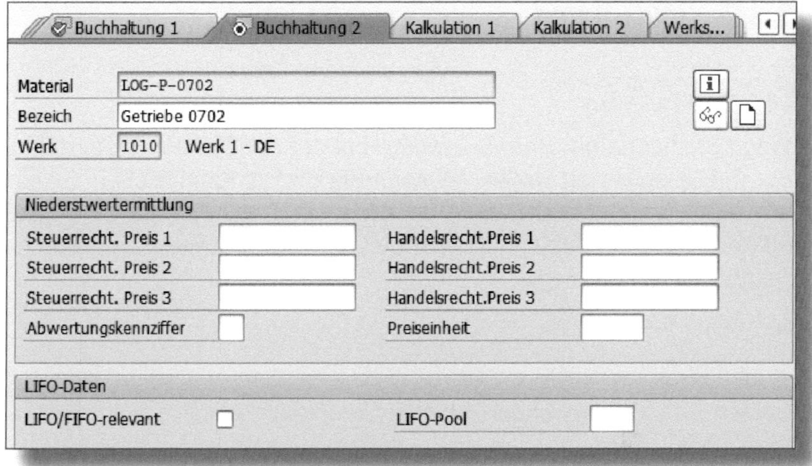

Abbildung 9.2: Sicht »Buchhaltung 2«

9.2.1 Niederstwertermittlung

Die Felder STEUERRECHT. PREIS 1 bis 3 und HANDELSRECHT. PREIS 1 bis 3 erlauben es Ihnen, für das Material alternative Preise zu hinterlegen, die Sie entweder mithilfe der Niederstwertermittlung oder über die Produktkalkulation berechnet haben.

ABWERTUNGSKENNZIFFER

Wenn Sie nicht gängige Materialien abwerten, geben Sie mit dieser Kennziffer an, wie viele Jahre das Material bereits als nicht gängig eingestuft ist. Im Customizing definieren Sie die Höhe des prozentualen Abschlags in Abhängigkeit von der Abwertungskennziffer.

PREISEINHEIT

Dieses Feld gibt die Mengeneinheiten für das Material an, auf die sich die steuer- und handelsrechtlichen Bewertungspreise beziehen.

9.2.2 LIFO-Daten

LIFO/FIFO-RELEVANT

Wenn Sie nach dem Prinzip *Last-in/First-out (LIFO)* oder *First-in/First-out (FIFO)* bewerten wollen, müssen Sie dieses Kennzeichen setzen, um dem System mitzuteilen, dass das Material für die LIFO- und FIFO-Bewertung relevant ist. Die Bewertungsdetails hierfür werden im Customizing festgelegt.

LIFO-POOL

Sofern Sie LIFO verwenden, können Sie mithilfe der Poolnummer Materialien zusammenfassen, die nach dem LIFO-Prinzip gemeinsam bewertet werden sollen.

Fallbeispiel Holzpellets

Holzhändler Wuttke hat einen großen Bunker für Holzpellets. Neue Lieferungen werden in den Bunker gekippt und liegen damit ganz oben. Da auch die Entnahme von oben erfolgt, wird immer das neueste Material entnommen. Bei Holzpellets ist dies kein Problem, da diese sehr lange gelagert werden können. Im Verkauf ist der Preis auch an den aktuellen Marktpreis gekoppelt, daher ist für Wuttke die LIFO-Bewertung für Holzpellets sinnvoll.

9.3 Sicht »Kalkulation 1«

Die Sicht KALKULATION 1 (siehe Abbildung 9.3) besteht aus zwei Segmenten:

- ALLGEMEINE DATEN und
- MENGENGERÜSTDATEN.

Als allgemeine Daten sind beispielsweise HERKUNFTSGRUPPE, GEMEINKOSTENGRUPPE und PROFITCENTER zu spezifizieren. Die Mengengerüstdatenfelder werden verwendet, um Kostenvoranschläge zu kalkulieren und Aufwandsabschätzungen durchzuführen.

Allgemeine Daten

Feld	Wert	Feld	Wert
Basismengeneinheit	ST Stück		
Nicht kalk.	☐		
Mit Mengengerüst	☑		
Herkunft Material	☑		
Herkunftsgruppe			
Gemeinkostengruppe		Abweichungsschlüssel	000001
Werksspez. MatStatus			
Gültig ab		Profitcenter	YB110

Mengengerüstdaten

Feld	Wert	Feld	Wert
StücklAlternative	1	StücklVerwendung	1
Plangruppe	50000064	Plangruppenzähler	1
Plantyp	N		
SoBeschaffung Kalk.		Kalkulationslosgröße	100
Kuppelprodukt	☐	Kuppelproduktion	
Festpreis	☐		
Versionskennzeichen	☑	Versionen	
Fertigungsversion			

Abbildung 9.3: Sicht »Kalkulation 1«

9.3.1 Allgemeine Daten

BASISMENGENEINHEIT

Dieses Feld ist auch für die Kalkulation relevant. Nähere Informationen zur Basismengeneinheit entnehmen Sie Abschnitt 3.2.1.

NICHT KALK.

Mit dem Setzen dieses Kennzeichens verhindern Sie, dass eine Materialkalkulation oder Kundenauftragskalkulation für dieses Material möglich ist. Das könnte beispielsweise sinnvoll sein, wenn die Stückliste oder der Arbeitsplan eines Materials noch nicht komplett sind.

MIT MENGENGERÜST

Das Mengengerüst ist eine Funktion zur Kostenplanung und Preisbildung für Materialien auf Basis ihrer Daten aus der Produktionsplanung. Diese Daten (das Mengengerüst) werden automatisch ermittelt.

Das Mengengerüst kann sein:

- Stückliste und Arbeitsplan (Losfertigung)
- Stückliste und Linienplan (Serienfertigung)
- Planungsrezept (Prozessfertigung)

HERKUNFT MATERIAL

Wenn Sie dieses Kennzeichen setzen, wird bei sämtlichen Bewegungen des Materials die Materialnummer in den dazugehörigen CO-Belegen mit fortgeschrieben. Dies ist wichtig für den Fall, dass Sie in Controlling-Auswertungen sehen wollen, welches Material z. B. in die Produktion anderer Materialien mit eingegangen ist. Wenn Sie ein produzierendes Unternehmen sind, sollten Sie dieses Kennzeichen für alle Rohstoffe, Halbfabrikate und Fertigprodukte setzen.

HERKUNFTSGRUPPE

Diese können Sie zur weiteren Untergliederung von Material- und Gemeinkosten verwenden, z. B. um Gemeinkostensätze oder Zusatzkosten zu kalkulieren.

GEMEINKOSTENGRUPPE

Mit diesem Schlüssel können Sie die Materialien für eine gleichartige Behandlung bei der Gemeinkostenbezuschlagung gruppieren.

ABWEICHUNGSSCHLÜSSEL

Die im SAP-Customizing gepflegten Abweichungsschlüssel steuern, wie Abweichungen von Ihren Zielkosten beim Periodenabschluss kalkuliert und gemeldet werden.

WERKSSPEZ. MATSTATUS/GÜLTIG AB

Die beiden Felder wurden bereits in Abschnitt 5.1.1 besprochen.

PROFITCENTER

Hier geben Sie an, zu welchem Bereich der Buchhaltung dieses Produkt zugeordnet wird (siehe Abschnitt 4.4.4).

9.3.2 Mengengerüstdaten

STÜCKLALTERNATIVE

Die *Stücklistenalternative* hat in SAP S/4HANA keine Funktion mehr, stattdessen werden Fertigungsversionen verwendet.

STÜCKLVERWENDUNG

Mit diesem Schlüssel legen Sie fest, in welchem Bereich die Stückliste verwendet werden kann. Dabei unterscheidet das System beispielsweise zwischen einer Fertigungs-, Konstruktions- oder Vertriebsstückliste. Eine *Fertigungsstückliste (1)* beinhaltet Positionen, die für die Fertigung relevant sind, eine *Kalkulationsstückliste (6)* hingegen umfasst solche, die für die Ermittlung der Materialeinsatzkosten eines Erzeugnisses von Bedeutung sind.

PLANGRUPPE

Mit der Funktion *Plangruppe* bietet Ihnen das System die Möglichkeit, zwei Arbeitspläne für unterschiedliche Fertigungsabläufe zu einem Material zu gruppieren.

PLANGRUPPENZÄHLER

Mit diesem Schlüssel können Sie in Kombination mit der PLANGRUPPE einen Arbeitsplan eindeutig identifizieren. Aufgrund verschiedener Plangruppenzähler lassen sich z. B. unterschiedliche Losgrößenbereiche erkennen. Sowohl die Stücklistenverwendung als auch die Plangruppe und der zugehörige Plangruppenzähler können auch in der Fertigungsversion gepflegt werden.

PLANTYP

Wenn das nicht bereits in der Fertigungsversion geschehen ist, können Sie an dieser Stelle den gewünschten Plantyp selektieren.

SOBESCHAFFUNG KALK.

Dieser Schlüssel gestattet es Ihnen, für die Kalkulation ein von der Beschaffung bzw. Fertigung abweichendes Sonderbeschaffungskennzeichen zu verwenden. Sofern Sie keinen Eintrag an dieser Stelle vornehmen, wird die Sonderbeschaffungsart gezogen, die in der Sicht »Disposition 2« gepflegt ist.

KALKULATIONSLOSGRÖSSE

Losgröße des kalkulierten Materials, die in der Erzeugniskalkulation als Basis der Kalkulation verwendet wird. Bei Serienteilen mit geringem Wert ist es sinnvoll, die Menge für die Kalkulation z. B. auf die Höhe eines durchschnittlichen Produktionsloses festzulegen.

KUPPELPRODUKT

Mit diesem Kennzeichen erlauben Sie, dass das jeweilige Material als *Kuppelprodukt* verwendet wird, d. h. als Nebenprodukt, das während eines Produktionsverfahrens zusätzlich zum Hauptprodukt anfällt.

FESTPREIS

Wenn Sie das KUPPELPRODUKT-Kennzeichen aktiv gesetzt haben, können Sie an dieser Stelle zusätzlich festlegen, dass für das Kuppelprodukt ein Festpreis verwendet wird. Es wird dann nicht über einen gesonderten Kuppelproduktionsprozess kalkuliert.

VERSIONSKENNZEICHEN

Dieses Feld wird vom System markiert, sobald Sie eine gültige Fertigungsversion für ein Produkt angelegt haben. Es ist nicht manuell pflegbar.

FERTIGUNGSVERSION

Dieses Feld wurde bereits zuvor beschrieben; Näheres entnehmen Sie dem Abschnitt 6.5.1.

9.4 Sicht »Kalkulation 2«

Die Sicht KALKULATION 2 (siehe Abbildung 9.4) besteht aus den drei Segmenten

- PLANKALKULATION,
- PLANPREISE und
- BEWERTUNGSDATEN.

Das Segment PLANKALKULATION gibt Einblicke in die laufenden, zukünftigen und vergangenen Kalkulationen zu einem Material. Der Bereich PLANPREISE wird verwendet, um manuelle Planpreise für ein Produkt zu definieren, sofern Sie keine mengenbezogenen Aufwandsschätzungen einsetzen. In dem Segment BEWERTUNGSDATEN sind einige bereits erwähnte Felder gruppiert, die auch für die Kalkulation relevant sind.

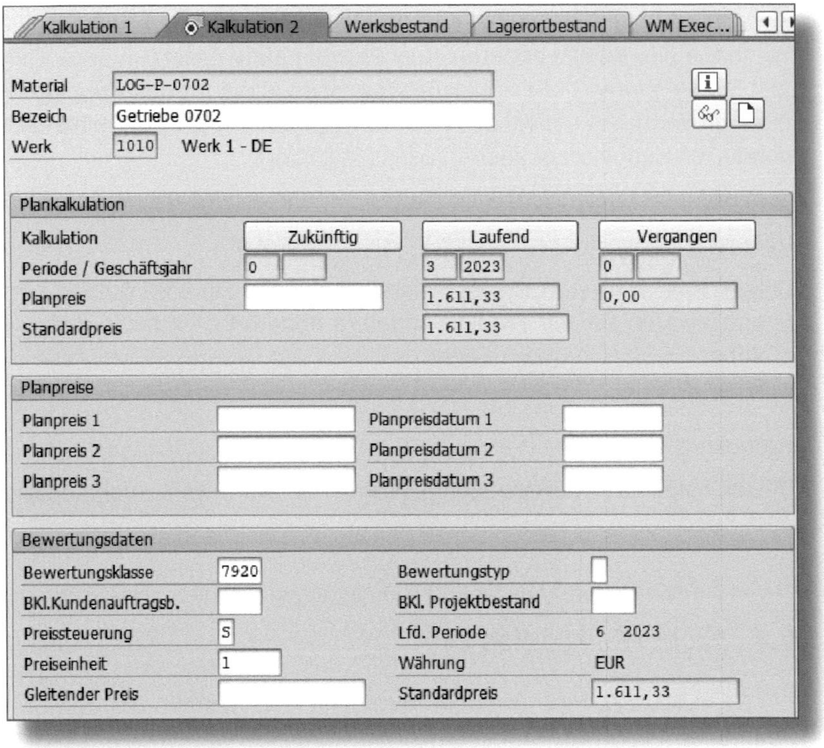

Kalkulation 1 | Kalkulation 2 | Werksbestand | Lagerortbestand | WM Exec...

Material LOG-P-0702
Bezeich Getriebe 0702
Werk 1010 Werk 1 - DE

Plankalkulation

Kalkulation	Zukünftig	Laufend	Vergangen
Periode / Geschäftsjahr	0	3 2023	0
Planpreis		1.611,33	0,00
Standardpreis		1.611,33	

Planpreise

Planpreis 1		Planpreisdatum 1	
Planpreis 2		Planpreisdatum 2	
Planpreis 3		Planpreisdatum 3	

Bewertungsdaten

Bewertungsklasse	7920	Bewertungstyp	
BKl.Kundenauftragsb.		BKl. Projektbestand	
Preissteuerung	S	Lfd. Periode	6 2023
Preiseinheit	1	Währung	EUR
Gleitender Preis		Standardpreis	1.611,33

Abbildung 9.4: Sicht »Kalkulation 2«

9.4.1 Plankalkulation

PERIODE/GESCHÄFTSJAHR

Hierbei handelt es sich lediglich um das Geschäftsjahr und die Periode, in dem bzw. der eine vergangene, die laufende oder/und eine zukünftig gültige Plankalkulation durchgeführt wurden

PLANPREIS

Wenn Sie eine Plankalkulation zum Material durchführen und vormerken, werden die Ergebnisse der Kalkulation in dieses Feld übernommen. Wird die Plankalkulation zu diesem Material später freigegeben, wird der hier eingetragene Preis als laufender Planpreis und als laufender Standardpreis fortgeschrieben. Wenn Sie ohne Plankalkulation arbeiten, können Sie den Planpreis aber auch manuell pflegen.

STANDARDPREIS

Sofern das Material zum Standardpreis bewertet wird, bekommen Sie diesen hier angezeigt.

9.4.2 Planpreise

PLANPREIS 1 bis PLANPREIS 3

Ihre Planpreise können Sie manuell eintragen und als Rechengröße für die Produktkalkulation verwenden.

Verwendung von Planpreisen

Ihre Fertigprodukte kalkulieren Sie immer für die Zukunft, üblicherweise für das kommende Geschäftsjahr. Wenn Sie bereits wissen, dass sich die Preise Ihrer Rohstoffe im nächsten Jahr ändern werden, können Sie diese als Planpreise der Rohstoffmaterialien eintragen und sie anstelle des aktuell gültigen Preises für Ihre Kalkulation nutzen.

PLANPREISDATUM 1 bis PLANPREISDATUM 3

Zu jedem Planpreis gibt es ein Feld, das angibt, ab wann der jeweilige Preis gültig ist.

9.4.3 Bewertungsdaten

Die an dieser Stelle erscheinenden Felder wurden bereits in Abschnitt 9.1.1 beschrieben. Sie werden hier angezeigt, da sie auch für die Kalkulation relevant sind.

9.5 Segmentbewertungsdaten

Wenn Sie einem Material auf der »Grunddatensicht 2« eine Segmentierungsstrategie zugeordnet und alle weiteren notwendigen Einstellungen vorgenommen haben, sehen Sie in dieser Sicht die Bewertungsdaten für die einzelnen Segmente.

10 Weitere Funktionen zum Anlegen von Materialstammsätzen

Neben den klassischen Transaktionen bietet SAP S/4HANA noch eine Reihe weiterer Möglichkeiten, um Materialstammsätze anzulegen. Diese werden wir Ihnen im Folgenden vorstellen.

10.1 Materialstammkopierer

Mit dem Materialstammkopierer (Transaktion *MMCC*) können Sie

- ein Material von einer Organisationsebene auf eine andere kopieren (z. B. von Werk 1.000 auf Werk 2.000) und
- ein oder mehrere neue Materialien mit Bezug auf ein existierendes Material anlegen.

In Abbildung 10.1 sehen Sie die zur Verfügung stehenden Organisationsebenen. Die Werte für die Ebenen können Sie in der Transaktion *MMCU* benutzerspezifisch als Vorschlagswerte hinterlegen (siehe Abbildung 10.2). Ist dies erfolgt, markieren Sie das Feld BENUTZEREINSTELLUNG ÜBERNEHMEN. Die TESTLAUF-Funktion hilft Ihnen zu Beginn, sich mit der Transaktion vertraut zu machen.

Vorlagematerial M-18

Anzahl neue Materialien 1

☑ Testlauf

☑ Vorhandene Daten nicht ändern

☐ Benutzereinstellung übernehmen

Zu kopierende Daten

☑ Grunddaten

☑ Werksdaten

☑ Lagerortdaten

☑ Vertriebsdaten

☑ Lagernummerdaten

☑ Lagertypdaten

☑ Bewertungsdaten

Filtereinstellungen

Werk		bis	
Lagerort		bis	
Verkaufsorganisation		bis	
Vertriebsweg		bis	
Lagernummer		bis	
Lagertyp		bis	
Bewertungskreis		bis	

Abbildung 10.1: Materialstammkopierer

Sicht "Pflegetabelle Materialstammkopierer" ändern: Übersicht

Neue Einträge

Pflegetabelle Materialstammkopierer

Name	Lf.Nr	Org-Ebene	Quelle 1	Quelle 2	Ziel 1
WUERZER	1	1 Werk	1010		1010
WUERZER	2	6 Bewertungskreis	1010		1010
WUERZER	3	2 Lagerort	101A		101A

Abbildung 10.2: Benutzereinstellungen

10.2 Massenpflege

Mit der Massenpflegetransaktion *MM17* können Sie ebenfalls Materialien zwischen verschiedenen Organisationsebenen oder komplett kopieren. Hierfür wählen Sie zunächst im Einstiegsbild die benötigten Tabellen aus. Für die Kopie eines bewerteten Zukaufteils wären das mindestens die Tabellen *MARA* (Mandantendaten), *MAKT* (Materialkurztext), *MARC* (Werksdaten) und *MBEW* (Bewertungskreisdaten).

Auf dem nächsten Bild markieren Sie das Feld KEINE VORHANDENEN DATEN ÄNDERN und wechseln zur Registerkarte NEU ANZULEGENDE SÄTZE.

Wenn Sie mehrere Materialien anlegen möchten, rufen Sie die Mehrfachselektion auf und erfassen die Werte einzeln.

Achten Sie beim Feld BEWERTUNGSART darauf, dass Sie dort die Option *= (blank)* auswählen (siehe Abbildung 10.3).

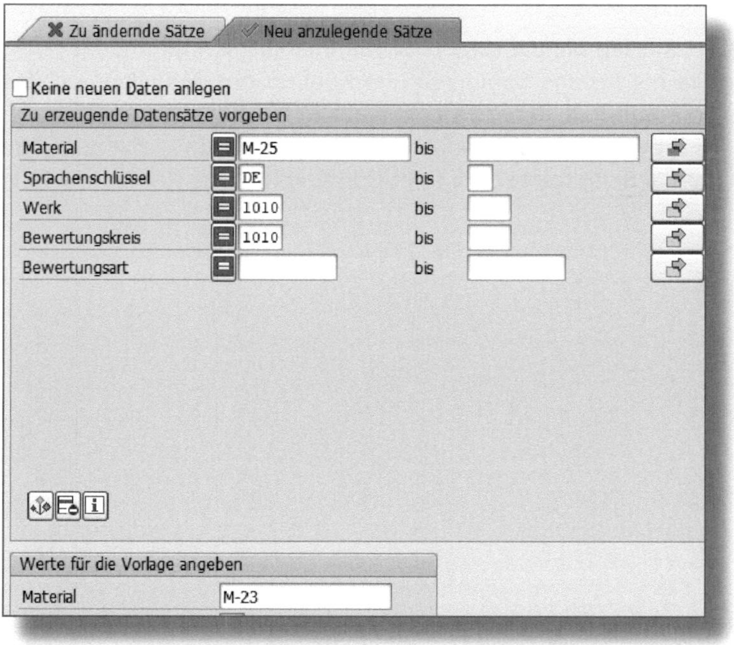

Abbildung 10.3: Massenpflege

10.3 Vereinfachte Materialanlage

Es gibt in SAP S/4HANA eine weitere Möglichkeit, Materialstämme anzulegen, die aber sehr gut versteckt ist – und zwar über die vereinfachte Materialanlage. Sie kann nicht direkt über eine Transaktion aufgerufen werden, sondern ist in die erweiterte Materialsuche integriert.

Zunächst einmal muss die Business Function *LOG_MM_CI_3* aktiv sein.

Video zum Materialstamm-Customizing

Die notwendigen Customizing-Einstellungen finden Sie in einem Videokurs unter *https://et.training/landing/ww1108*.

Nun können Sie die *vereinfachte Materialanlage* im Kundenauftrag *VA01*, der Bestelltransaktion *ME21N* sowie in den retailspezifischen Prozessen *Saisonale Beschaffung* und *Aufteiler* aufrufen.

Zunächst starten Sie die erweiterte Materialsuche. Im Kundenauftrag finden Sie hierfür das Symbol im Kopf, in der Bestellung ist das Symbol unterhalb der Positionsübersicht zu sehen. Wenn Sie in der Sicht für die erweiterte Materialsuche sind, erkennen Sie in der Mitte die Schaltfläche MATERIAL ANLEGEN (siehe Abbildung 10.4).

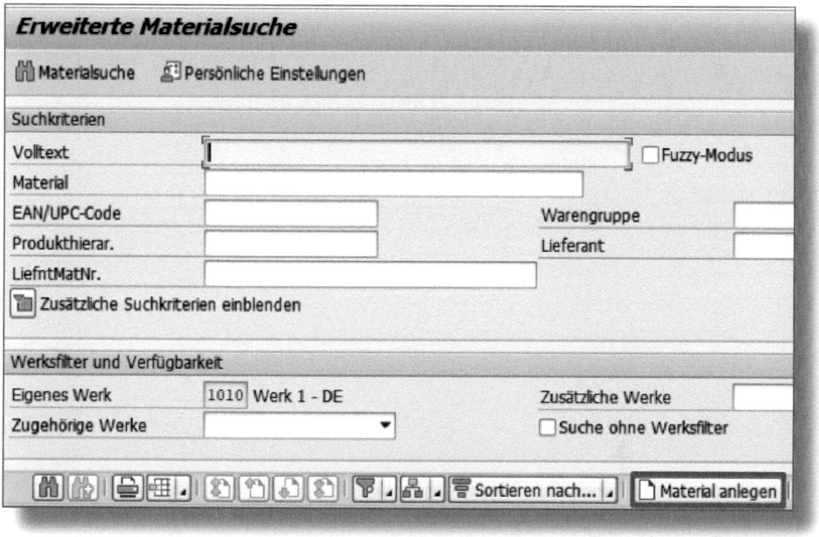

Abbildung 10.4: Erweiterte Materialsuche

Wie Sie in Abbildung 10.5 sehen, wird auch die Eingabe eines LIEFERANTEN gefordert. Die Funktion kommt aus dem Handel und wird im Standard nur für die Materialart »Handelsware« (HAWA) ausgeliefert. Wenn Sie das Einstiegsbild bestätigen, kommen Sie zur Dateneingabe. Sie sehen nur ein einziges Datenbild, auf dem Sie alle Daten erfassen. Dies kommt daher, dass die Sicht auf die wichtigsten Felder beschränkt ist. Wenn Sie sichern, haben Sie nicht nur einen Materialstammsatz, sondern auch zugleich den dazugehörigen Einkaufsinfosatz angelegt.

Abbildung 10.5: Vereinfachte Materialanlage

Im Customizing lassen sich weitere Materialarten für diese Funktion aktivieren. Auch die Auswahl der Felder und Feldgruppen können Sie dort individuell anpassen.

10.4 Fiori-App »Produktstammdaten verwalten«

Mit der Fiori-App »Produktstammdaten verwalten« (App-ID F1602) können Sie Materialien anlegen, kopieren, ändern und anzeigen. Darüber hinaus ist auch eine Massenpflegefunktion integriert. In der Fiori-App stehen nicht alle Felder zur Verfügung, eine Auflistung der fehlenden Felder würde hier jedoch den Rahmen sprengen. Daher empfehlen wir

Ihnen, in Ihrem Testsystem ein Material mit der Fiori-App anzulegen, um herauszufinden, ob diese Ihren Anforderungen genügt.

Die App eignet sich gleichermaßen für Industriesysteme und Retail-Systeme. Abbildung 10.6 zeigt Ihnen einen Ausschnitt aus der App.

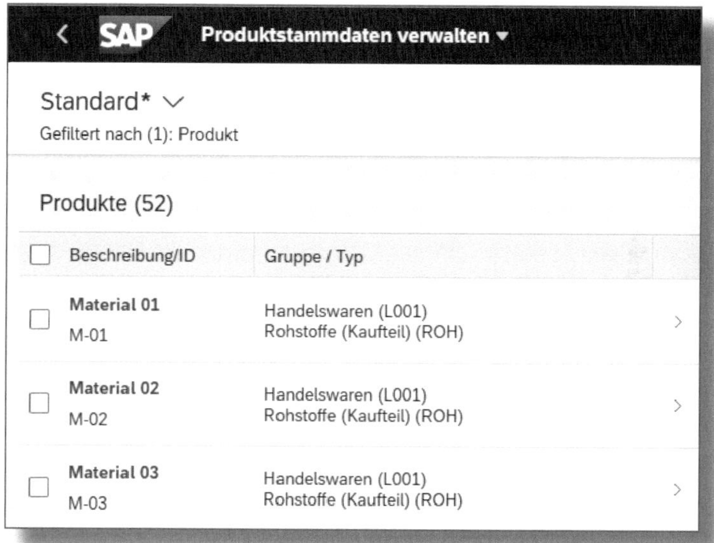

Abbildung 10.6: App »Produktstammdaten verwalten«

Ein großer Vorteil beim Arbeiten mit der App gegenüber dem GUI ist das Entwurfskonzept: Wenn Sie aus Versehen den Browser schließen, sind die Daten nicht verloren, sondern wurden automatisch als Entwurf gespeichert und können später weiterbearbeitet werden.

10.4.1 Anlegen eines neuen Materials

Wenn Sie ein neues Material anlegen wollen, klicken Sie auf ANLEGEN und wählen *Produkt*. Sie gelangen dadurch zum ersten Eingabefenster, das auch in Abbildung 10.7 zu sehen ist.

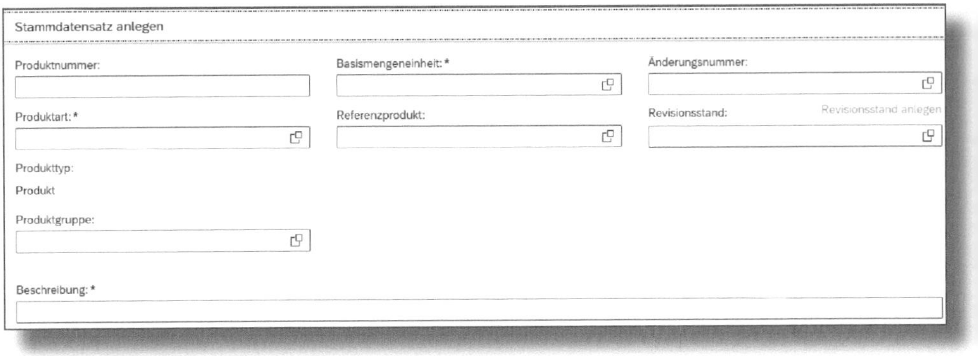

Abbildung 10.7: Produktstamm anlegen

Die Produktnummer entspricht der Materialnummer, die Produktart der Materialart und die Produktgruppe der Warengruppe.

Im nächsten Bild geben Sie alle mandantenweit gültigen Daten ein. Anschließend können Sie im oberen Bereich die nächste Organisationsebene (z. B. Werk) aus den angezeigten Möglichkeiten Vertriebslinien, Werke und Bewertungskreise auswählen.

Wenn Sie *Werke* anklicken, kommen Sie in den Werksbereich. Wählen Sie hier wieder Anlegen.

Nun erfassen Sie das gewünschte Werk und alle Werksdaten. Danach wählen Sie **Übernehmen** (unten rechts).

Wiederholen Sie dieses Vorgehen für die anderen Organisationsebenen. Am Ende drücken Sie **Sichern** (unten rechts), um das neue Material zu speichern.

10.4.2 Material ändern

Wenn Sie ein Material ändern wollen, lassen Sie es sich zunächst anzeigen. Nutzen Sie hierzu das erste Suchfeld in der Filterleiste. Es handelt sich um ein universelles Suchfeld für die App. Sie können beispielsweise die Materialnummer, den Materialkurztext, die Warengruppe oder die Materialart eingeben. Die Suche verzeiht sogar kleinere Schreibfehler beim Materialkurztext.

Nachdem Sie das Material gefunden haben, klicken Sie auf den Pfeil › rechts in der Zeile (siehe Abbildung 10.8) und danach auf **Bearbeiten** oben rechts. Führen Sie die Änderungen durch, und sichern Sie anschließend den Stammsatz.

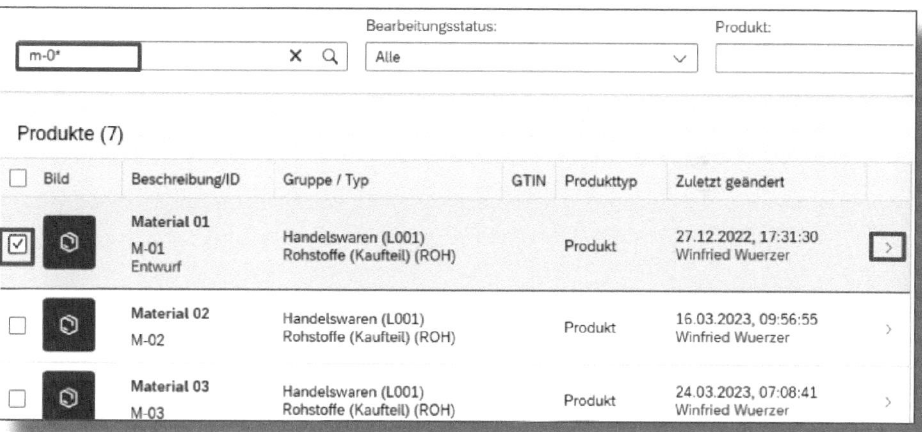

Abbildung 10.8: Material ändern

11 Auswertungen zum Materialstamm

Für den Materialstamm gibt es einige Auswertungen, die Ihnen im Alltag helfen. Diese möchten wir Ihnen im letzten Kapitel vorstellen.

11.1 Fiori-App »Produktstammdaten verwalten«

Die Fiori-App zum Verwalten von Produktstammdaten kann auch für Auswertungszwecke genutzt werden. Dazu suchen Sie in der Filterleiste gezielt nach Feldern und filtern die Werte.

Der Vorteil dabei: Wenn Sie eine Suche durchgeführt haben, können Sie das Ergebnis als eigene Kachel sichern (Symbol), so haben Sie im Launchpad immer einen direkten Zugriff auf Ihre Auswertung.

Es gibt aber auch einen Nachteil: Die Suche funktioniert nur auf Mandantenebene. Eine Suche nach Feldern auf der Ebene von Werken, Bewertungskreisen oder Verkaufsorganisationen ist nicht möglich.

11.2 Materialverzeichnis

Mit dem Materialverzeichnis (Transaktion *MM60*) haben Sie die Möglichkeit, nach Materialien mit bestimmten Eigenschaften zu suchen. Abbildung 11.1 zeigt den Selektionsbildschirm der Transaktion.

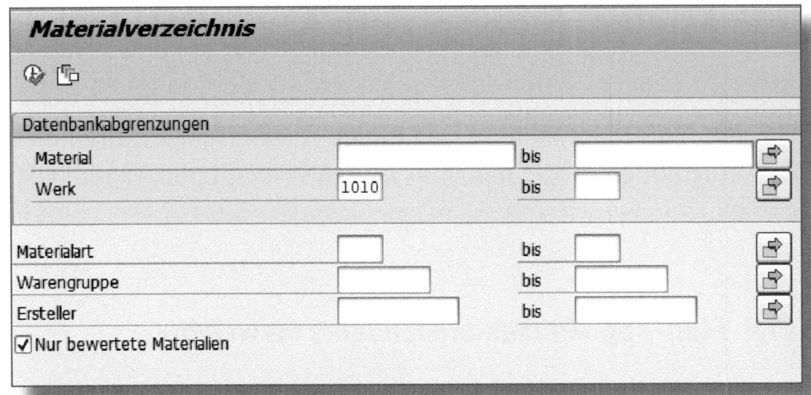

Abbildung 11.1: Materialverzeichnis

Leider lassen sich keine weiteren Selektionsfelder hinzufügen. Auch auf dem Ergebnisbildschirm können keine zusätzlichen Felder eingeblendet werden.

In Abbildung 11.2 sehen Sie die anzeigbaren Felder.

Materialverzeichnis

Material	Werk	BewertArt	Materialkurztext	Ltz. Änd	MArt	Warengrp	BME	EKG	ABC	DMk	BewKl	Prs	Preis	Währg	/	Angel.von
M-01	1010		Material 01	22.06.2023	ROH	L001	ST	001		PD	3000	V	27,57	EUR	1	WUERZER
M-02	1010		Material 02	16.03.2023	ROH	L001	ST	001		VV	3000	V	10,00	EUR	1	WUERZER
M-03	1010		Material 03	24.03.2023	ROH	L001	ST	001		VB	3000	V	10,00	EUR	1	WUERZER
M-04	1010		Material 04	28.03.2023	ROH	L001	ST	001		VV	3000	V	10,00	EUR	1	WUERZER
M-05	1010		Material 05	16.06.2023	ROH	L001	ST	001		VB	3000	V	105,...	EUR	1	WUERZER
M-06	1010		Material 06	07.06.2023	ROH	L001	ST	001		VB	3000	V	10,00	EUR	1	WUERZER
M-07	1010		Material 07	22.06.2023	ROH	L001	ST	001		VB	3000	V	10,00	EUR	1	WUERZER
M-07	1010	C1	Material 07	22.06.2023	ROH	L001	ST	001		VB	3040	V	105,...	EUR	1	WUERZER
M-07	1010	C2	Material 07	22.06.2023	ROH	L001	ST	001		VB	3040	V	105,...	EUR	1	WUERZER
M-23	1010		Material 03	22.06.2023	ROH	L001	ST	001		VB	3000	V	10,00	EUR	1	WUERZER
M-24	1010		Material 03	22.06.2023	ROH	L001	ST	001		VB	3000	V	10,00	EUR	1	WUERZER

Abbildung 11.2: Materialverzeichnis – Ergebnis

Man erkennt, wie die Materialien bewertet sind, ob Materialien der getrennten Bewertung unterliegen (BEWERTART) und ob sie aus Sicht von Einkauf (EKG) und Disposition (DMK) gepflegt sind. Sie können sich die Daten auch für mehrere Werke anzeigen lassen, um die Werte miteinander zu vergleichen.

11.3 Erweiterbare Materialien

Materialstämme können zentral oder dezentral gepflegt werden. Bei der dezentralen Pflege ist jeder Fachbereich für seine Daten selbst zuständig. Dies hat den Vorteil, dass das Fachwissen in den einzelnen Abteilungen in der Regel größer ist als bei einer zentralen Stelle.

Für die dezentrale Pflege bietet SAP eine Option, nach Materialien zu suchen, die noch nicht gepflegt sind. Dies geschieht mit der Transaktion *MM50* (Erweiterbare Materialien).

Abbildung 11.3 zeigt den Selektionsbildschirm dieser Transaktion.

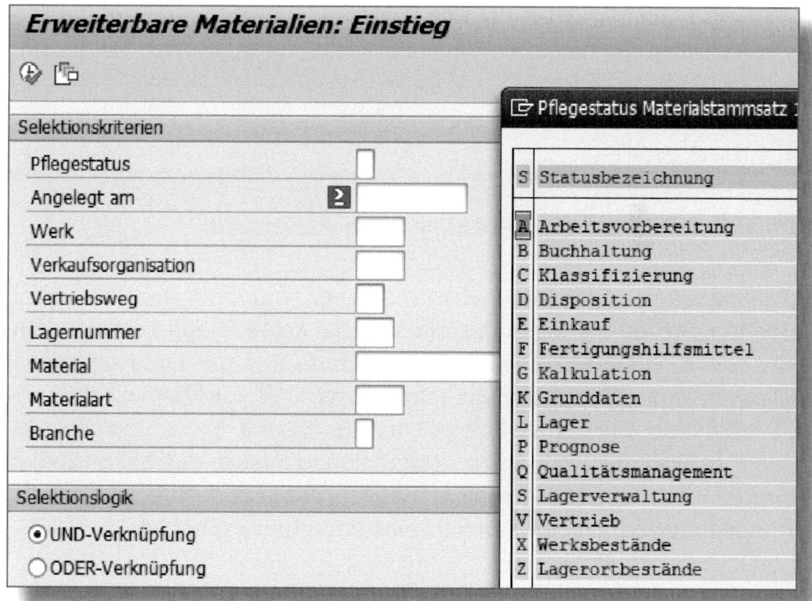

Abbildung 11.3: Erweiterbare Materialien

Der wichtigste Schlüssel ist hier der PFLEGESTATUS. Über ihn wählen Sie den Fachbereich, den Sie pflegen möchten. Er wird aus der Materialart ermittelt: Ist dort ein Fachbereich zulässig, werden die selektierten Materialien geprüft. Ist die Sicht noch nicht angelegt, wird das Material zur Pflege angeboten. Nach der Pflege setzt das System im Materialstammsatz automatisch den Pflegestatus und zeigt das Material beim nächsten Transaktionsaufruf nicht mehr an.

In Abbildung 11.4 sehen Sie den Aufruf eines zu pflegenden Materials (Schaltfläche MATERIALIEN PFLEGEN).

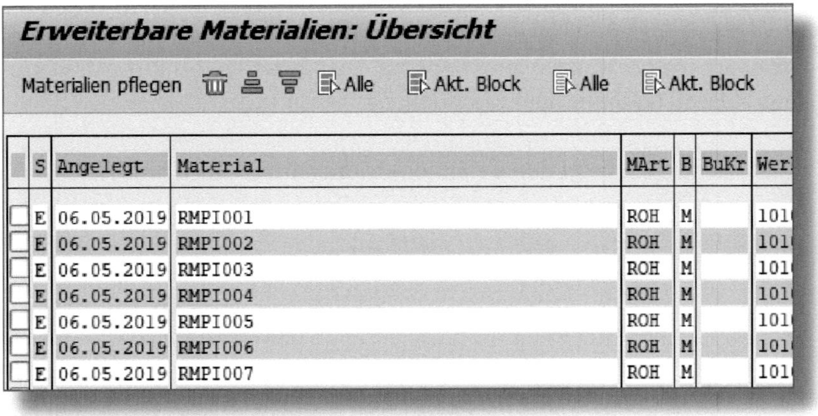

Erweiterbare Materialien: Übersicht

Materialien pflegen | Alle | Akt. Block | Alle | Akt. Block

S	Angelegt	Material	MArt	B	BuKr	Wer
E	06.05.2019	RMPI001	ROH	M		101
E	06.05.2019	RMPI002	ROH	M		101
E	06.05.2019	RMPI003	ROH	M		101
E	06.05.2019	RMPI004	ROH	M		101
E	06.05.2019	RMPI005	ROH	M		101
E	06.05.2019	RMPI006	ROH	M		101
E	06.05.2019	RMPI007	ROH	M		101

Abbildung 11.4: Erweiterbare Materialien – Übersicht

Sie können mehrere Materialien markieren und dann der Reihe nach pflegen. Stellen Sie fest, dass ein Material keine Pflege benötigt, können Sie es für weitere Transaktionsaufrufe aus der Liste entfernen. Klicken Sie hierfür auf das Mülltonnensymbol. Sie können selbstverständlich nur die Sichten pflegen, für die Sie eine Berechtigung besitzen. Der Materialstatus ist ein Berechtigungsobjekt, das beim Pflegen geprüft wird. Folglich ist es nicht möglich, dass Sie aus Versehen einen Pflegestatus setzen, für den Sie keine Berechtigung haben.

11.4 Sonstige Möglichkeiten

Wenn Sie über die entsprechenden Berechtigungen verfügen, können Sie auch auf Tabellenebene Auswertungen durchführen. Diese rufen Sie mit der Transaktion *SE16N* oder der Massenpflege *MM17* auf. Auch die in Abschnitt 2.1 beschriebenen Querys oder Quick-Views stehen berechtigten Usern zur Verfügung.

Fallbeispiel Materialliste

Sie benötigen eine Liste mit allen chargenpflichtigen Materialien im Werk 1010? Mithilfe der Massenpflege können Sie diese Liste ganz einfach erzeugen. So gehen Sie vor:

- Rufen Sie die Transaktion *MM17* auf.
- Markieren Sie die Tabelle *MARC*, und wählen Sie AUSFÜHREN.
- Klicken Sie auf das Symbol (Selektionsfelder auswählen).
- Verschieben Sie das Feld *Chargenpflicht (Werk)* vom Vorrat zur Auswahl, und klicken Sie auf WEITER.
- Geben Sie Werk *1010* und Chargenpflicht *X (Ja)* ein, und wählen Sie AUSFÜHREN.
- Für eine optisch schönere Darstellung selektieren Sie (Drucken).

Nun können Sie die Liste bei Bedarf drucken oder als Datei speichern.

12 Fazit

Wir hatten sehr viel Spaß beim Schreiben dieses Buches. Es erinnert teilweise an unsere ersten Gehversuche in SAP. Anfangs scheint es ein System zu sein, das man niemals verstehen wird, so umfangreich und kompliziert kommt es einem vor. Wenn Sie später beginnen, die Zusammenhänge zwischen dem SAP-Materialstamm und Ihrem Tagesgeschäft zu begreifen, erklärt sich vieles von selbst.

Was wir Ihnen vermitteln wollen: Die Arbeit mit dem SAP-Materialstamm ist niemals zu Ende – es gibt immer Optimierungspotenzial. Und wenn Sie Zeit und Geld investieren, hat dies positive Auswirkungen auf Ihr Tagesgeschäft. Die korrekte Pflege der Felder wird Ihnen die Arbeit mindestens erleichtern, zum Teil sogar ganz abnehmen. Sie werden ständig Ihr Wissen und Verständnis rund um die Zusammenhänge der Felder im Materialstamm ausbauen und neue Dinge lernen. Das geht uns noch heute so, wenn wir mit unseren Kunden darüber sprechen.

An dieser Stelle möchten wir noch erwähnen, dass die Aufrechterhaltung von »sauberen« Materialstammdaten ein Teamerfolg ist. Im Buch haben Sie gesehen, dass viele unterschiedliche Bereiche mit dem Materialstamm zu tun haben. Es ist also essenziell, dass auch die Kollegen ihre Felder so gut wie möglich pflegen, damit am Ende des Tages ein gemeinsamer Erfolg steht. Es bringt nichts, wenn nur einer der Unternehmensbereiche seine Stammdaten pflegt und aktuell hält, während ein angrenzender Bereich dies nicht tut.

Zu guter Letzt noch ein Tipp: Dokumentieren Sie Ihre Arbeit an den Stammdaten sauber und regelmäßig – allein schon, um Ihre organisatorischen Entscheidungen rund um den Materialstamm festzuhalten und transparent zu machen.

A Die Autoren

Muhamed Karalic ist gelernter Industriekaufmann. Nachdem er 1992 als Achtjähriger während des Bosnienkriegs mit seiner Familie nach Deutschland geflüchtet war, begann er 2001 seine Ausbildung bei einem Zulieferer der Automobilindustrie. Nach erfolgreichem Abschluss entdeckte er sein Interesse für die Logistik und absolvierte eine dreijährige Fortbildung an der Verwaltungs- und Wirtschaftsakademie in Göttingen zum Logistik-Betriebswirt (VWA).

Seit rund 20 Jahren arbeitet er mit dem SAP-ERP-System und konnte damit in drei verschiedenen Branchen viel Erfahrung sammeln.

Zwischen 2013 und 2016 war Muhamed Karalic als Business Process Expert aktiv und hat – gemeinsam mit einem großen Projektteam – ein SAP-ERP-System global ausgerollt. Dazu gehörten das Definieren, Dokumentieren, Testen und Schulen von Geschäftsprozessen an den unterschiedlichsten Standorten. Ab 2017 war er global als Process Consultant im Bereich Order-to-Cash tätig und kombinierte in seiner konsultierenden Funktion viele seiner Erfahrungen – sowohl als Mitarbeiter aus dem Tagesgeschäft als auch als Experte und Trainer der Prozesse.

Seit 2021 leitet Karalic das Filterproduktionswerk der Sartorius Stedim Biotech GmbH in Göttingen.

Winfried Würzer, Jahrgang 1967, kennt SAP-Software schon seit 1995 – angefangen von R/2 bis hin zu S/4HANA. Als Einkäufer (strategisch und operativ) und Disponent war er zwölf Jahre in der Zulieferindustrie tätig. Er machte die klassische SAP-Karriere vom Key-User über den Teilprojektleiter bis zum Anwenderbetreuer für die Materialwirtschaft. Während dieser Zeit absolvierte er auch ein berufsbegleitendes Studium zum Betriebswirt (VWA). Als der Strukturwandel seinen Arbeitgeber traf, wechselte er zur SAP, bei der er 18 Jahre als Trainer, Autor und Berater im Bereich SAP MM tätig war. Viele MM-Kurse (z. B. SCM550/S4550, Customizing der Materialwirtschaft) lagen in seiner Verantwortung. Seit 2020 ist Winfried Würzer freiberuflich als Berater, Trainer und Dozent tätig. Er wohnt in seiner Geburtsstadt Wangen im Allgäu.

Für Espresso Tutorials hat er bereits mehrere Videokurse erstellt (z. B. Materialstamm-Customizing, Bedarfsplanung in SAP S/4HANA).

Matthew Johnson ist Programmmanager bei Martin-Baker America, einem führenden Hersteller von Flugzeugtechnik. Er ist dort SAP-Superuser und an leitender Stelle verantwortlich für Effizienzsteigerung, Prozessoptimierung und Weiterentwicklung im IT-Bereich. Johnson studierte an der St. Francis University in Loretto, Pennsylvania, und besitzt APICS-Zertifizierungen für Produktion, Materialwirtschaft und Lieferkettenmanagement. Seit 14 Jahren beschäftigt er sich im SAP-Umfeld mit den Bereichen Materialwirtschaft, Produktionsplanung und Prozessoptimierung.

Holger Brandenburg, 1966 in Salzgitter geboren, ist Elektromeister (Handwerk), diplomierter Einkaufsexperte und zertifizierter SAP-MM-Berater. 2017 gründete er sein Beratungsunternehmen hbn-consulting GmbH. Er begleitet Firmen bei der Einführung von SAP, bietet Support sowie Ausbildung der Anwender und Key-User an. Er unterstützt in den Bereichen Materialwirtschaft, Vertrieb, Produktion und Warehouse Management. Zu seinen Kunden gehören u. a. Innogy SE, Voswinkel GmbH, TTZ GmbH, Kalkhoff-Werke GmbH, BRUNATA Wärmemesser Hagen GmbH & Co. KG, Heye-International GmbH. Seit 2021 bildet er bei der FIS GmbH SAP SD- und MM-Berater aus. Dank seiner breit gefächerten Ausbildung kann Holger Brandenburg sein Wissen praxisnah vermitteln. Er arbeitet als Dozent remote und vor Ort.

B Index

C Disclaimer

Die in diesem Werk wiedergegebenen Gebrauchsnamen, Handelsnamen, Warenbezeichnungen usw. können auch ohne besondere Kennzeichnung Marken sein und als solche den gesetzlichen Bestimmungen unterliegen. Sämtliche in diesem Werk abgedruckten Bildschirmabzüge unterliegen dem Urheberrecht der SAP SE, Dietmar-Hopp-Allee 16, 69190 Walldorf.

In dieser Publikation wird auf Produkte der SAP SE Bezug genommen. SAP®, ABAP®, ExpenseIt®, Joule, OpenSAP®, SAP ActiveAttention®, SAP® Adaptive Server® Enterprise, SAP® Advantage Database Server®, SAP® AppGyver®, SAP Ariba®, SAP Business ByDesign®, SAP® Business Explorer®, SAP® Bex, SAP® BusinessObjects, SAP® BusinessObjects Explorer®, SAP® BusinessObjects Web Intelligence®, SAP Business One®, SAP Business Workflow®, SAP BW/4HANA®, SAP Concur®, SAP® Crystal Reports®, SAP EarlyWatch®, SAP® Emarsys®, SAP Fieldglass®, SAP Fiori®, SAP Garden®, SAP® Global Trade Services (SAP® GTS®), SAP HANA®, SAP® Jam, SAP Lumira®, SAP MaxAttention®, SAP® MaxDB®, SAP NetWeaver®, SAP® PartnerEdge®, SAP® Sapphire®, SAP® PowerBuilder®, SAP® PowerDesigner®, SAP® R/3®, SAP® Replication Server®, SAP® Roambi®, SAP S/4HANA®, SAP S/4HANA® Cloud, SAP Signavio®, SAP® SQL Anywhere®, SAP Strategic Enterprise Management® (SAP® SEM®), SAP SuccessFactors®, SAP Vora®, Taulia®, The Best Run SAP®, TripIt® und weitere im Text erwähnte SAP-Produkte und -Dienstleistungen sowie die entsprechenden Logos sind Marken oder eingetragene Marken der SAP SE in Deutschland und anderen Ländern. Die Angaben im Text sind unverbindlich und dienen lediglich zu Informationszwecken. Produkte können länderspezifische Unterschiede aufweisen.

Der SAP-Konzern übernimmt keinerlei Haftung oder Garantie für Fehler oder Unvollständigkeiten in dieser Publikation. Der SAP-Konzern steht lediglich für SAP-Produkte und -Dienstleistungen nach der Maßgabe ein, die in der Vereinbarung über die jeweiligen Produkte und Dienstleistungen ausdrücklich geregelt ist. Aus den in dieser Publikation enthaltenen Informationen ergibt sich keine weiterführende Haftung.

Weitere Bücher von Espresso Tutorials

Ilona Hesse:

Preisfindung und Konditionstechnik in SAP S/4HANA® – 2., erweiterte Auflage

- Grundlagen und Analyse der Preisfindung in SAP S/4HANA
- Konditionstechnik in der Preisfindung
- Umsetzung eigener Preisfindungsstrategien
- Konditionskontraktabrechnung

http://5362.espresso-tutorials.de

Paul-Werner Neiss:

Schnelleinstieg in SAP S/4HANA® EAM (Anlagenmanagement)

- Darstellung von Stammdaten und Prozessen der Instandhaltung in Fiori-Apps
- Minimierung des Ausfallrisikos mittels geplanter Instandhaltung
- Schadenbeseitigung durch ausfallbedingte Instandhaltung
- Arbeiten mit Meldungen und Instandhaltungsaufträgen

http://5423.espresso-tutorials.de

Rainer Neumann, Dieter Schraad:

Variantenkonfiguration in SAP S/4HANA®

- Variantenkonfigurationsmodellierung step by step
- Beschreibung der Prozesse Configure-to-Order und Make-to-Stock
- Best-Practice-Empfehlungen aus über 40 Jahren Berufserfahrung
- Einführung Embedded Analytics und externe Sales-Konfiguration

http://5512.espresso-tutorials.de

Simone Bär, Andreas Wunsch:

Abrechnungsmanagement in SAP S/4HANA® – Konditionskontraktabrechnung –

2., erweiterte Auflage

- Kundenbonus, Lieferantenbonus, Provisionsabrechnungen
- Sämtliche Abrechnungsszenarien in einem Modul
- Beispielprozess »Verkaufsprovision für Handelsvertreter«
- 2. Auflage mit neuen Funktionalitäten im Release 1909

http://5557.espresso-tutorials.de